大学入試

"もっと身につく"
物理問題集
① 力学・波動

折戸正紀 編著

教学社

はじめに

　大学入試で，物理は合否を大きく左右する科目です。試験での出来不出来の差が大きく，理系の受験生にとっては物理で失敗をしないことが大切です。逆に，うまくいけば高得点を取って，逆転合格の可能性もあります。大学入試，特に難関大の入試で求められる力は，問題文に対する読解力，状況を整理して物理の基本に結びつける力，物理の基礎を元にした思考力です。問題の解法のパターンを覚えたり，公式の丸暗記をしたりするだけでは，合格点には達しないでしょう。基礎を習得した後に，実際の入試問題に近い問題をたくさん解いて，これらの力を養うことが，非常に大切になってきます。

　本書には，長年多くの入試問題を解いてきた私が，これらの力を養うために適切だと思う問題を掲載しました。実際の入試問題をほぼそのままの形で掲載したものもありますが，学んでほしいことをはっきりさせるために改変を加えた問題や独自に作成した問題もあります。実際に授業で使用して，生徒たちの反応も見ながら，入試として基本的な問題から難問まで，実力を養うために最適な問題を精選しました。各問題の Point や解説には，私のノウハウを網羅して詰め込んだつもりです。ぜひこの問題集で，読解力，整理力，基礎を元にした思考力を身につけてほしいと思います。

　もし「この本の問題がまだまだ全然解けないなぁ」と感じる場合は，教科書や姉妹書『ちゃんと身につく物理（旧題：折戸の独習物理）』で，完璧でなくてもいいですから，まず基本の習得を目指してください。皆さんの健闘を祈ります。

折　戸　正　紀

本書の特長

こんな人にオススメ！

- 基礎を一通り学んだ後，志望校の過去問に取り組む前に
  問題演習を行いたい人
- 志望校の過去問を解いてみたものの，あまり解けなかったので，
  入試レベルの問題演習を行いたい人
- 志望校の過去問を解けるレベルに達しているものの，
  もっと実戦力を身につけたい人

フィジクス君

☺ 実戦力が身につく78題を精選

本書には，入試問題に対応するための実力を養成できる問題を78題（力学54題，波動24題）掲載しています。全ての問題を解けるようになれば，どのような入試問題にも対応できる力が身についているはずです。

☺ 「問題リスト」で 自分に合った問題を選べる

「問題リスト」(p.9-12) には，本書に掲載している問題をまとめています。
　以下のような場合に，活用してください。

- ☑ 時間がないから，重要問題だけを解きたい
- ☑ 難しい問題を解く自信はないから，
  易しい問題から解きたい
- ☑ 志望校では毎年，空所補充形式の問題が
  出題されているから，空所補充形式の問題を重点的に解きたい

　チェック欄もつけていますから，問題を解いたら記入するようにしてください。まだ解いていない問題や苦手だった問題を，後で確認することができます。

☺ 入試標準〜入試やや難レベルの問題が中心

本書の全ての問題には難易度をつけています。難易度は5段階で，各問題番号の横に☺の数で示しています（難易度によって，表情も違います！）。

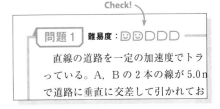

本書は，難易度3，4の問題（入試標準〜入試やや難レベルの問題）を中心に構成しています。

> 難易度1 ☺◻◻◻◻ **基本問題**（教科書の章末問題レベルのとても易しい問題）
>
> 難易度2 ☺☺◻◻◻ **入試基本問題**（入試としては易しい問題）
>
> 難易度3 ☺☺☺◻◻ **入試標準問題**（難関大では必ず解けないといけない問題）
>
> 難易度4 ☹☹☹☹◻ **入試やや難問題**（難関大で合否を分ける問題）
>
> 難易度5 ☹☹☹☹☹ **入試難問題**（一度やっておかないと解けない問題）

本書のメインレベル

※本書の姉妹書である『ちゃんと身につく物理』には，難易度1，2に相当する例題や演習問題を多く掲載しています。

各設問にも，同様に難易度をつけています。難易度1，2の設問に歯が立たないようであれば，『ちゃんと身につく物理』でしっかり基礎を身につけてから，本書に取り組むことをオススメします。

> ら見た小物体の速さを求めよ。また，
> θ として，tanθ を求めよ。
>
> 設問別難易度：(1),(2) ☺☺◻◻◻

Check!

本書の使い方

STEP 1 自力で解いてみる

　まずは参考書等を開かずに，自分の力だけで解けるかどうか試してみましょう。途中でつまずいたとしても，最後の設問までとにかく進んでみることが大切です。

STEP 2 Point を読む

　考え方が思いつかない設問や解答したものの自信がない設問があれば，最後の設問まで進んだ後に，Point を読んでみましょう。Point には，問題を解く上でのヒントを記載しています。

　各 Point にはどの設問に該当するかを示していますから，時間がなければ，自分に必要なものだけを読むのでも構いません。

Check!

> Point 1 | 等加速度直線運動 >> (1)～(4)
> 　まずは，等加速度直線運動の公式を使いこなせる
> の公式は，初速度 v_0，加速度 a，時刻 t での変位 x,

　Point に記載されている基本事項や公式の理解が曖昧な場合には，姉妹書『ちゃんと身につく物理』や教科書に戻って必ず確認するようにしましょう。

ブツリヲマナブヒト
ハッケン！

physics
フィジクス君

先生の解説を横取りして解説したがる，物理大好きロボット。
物理を学ぶ人がいるとセンサーが反応して，胸のマークが光る。

　　尊敬する人：先生，アイザック・ニュートン
　　好きなもの：りんご（特にアップルパイ）
　　得意なこと：実験器具のかたづけ
　　苦手なもの：怖い映画

STEP ③ 解答を確認する

解答では，答えに至るまでの詳細な考え方を記載しています。最終的な答えを確認するだけでなく，答えに至るまでの考え方も確認するようにしましょう。

解答には，スペースの許す限り，別解や参考を記載しました。別解に記載された解法でも答えにたどり着けることを確認してみましょう。また，参考はややハイレベルな内容を含みますが，難関大合格を目指す人ならぜひ身につけておきたい内容です。別解，参考ともに，読んで理解すれば，実力アップにつながるはずです。

STEP ④ 「問題リスト」のチェック欄に記入する

STEP ③ まで完了したら，忘れないうちに「問題リスト」(p.9-12) の チェック欄 に記入しましょう。

解いた「日付」だけでなく，自分への「評価」を記入しておけば，問題集を全て解き終えた後，再度取り組む際に役立ちます。「メモ」の欄には，「(5)は難しかったので要復習」「難易度2の小問だけ解いた」など，特記事項があれば記入しておくとよいでしょう。

全ての問題を解く時間がない人は

本書に掲載した全ての問題に取り組んでほしいと思いますが，どうしても時間がない人は，重要マークがついた問題を中心に取り組むとよいでしょう。

また，志望校が難関大であったとしても，入試問題の難易度が高くない場合は，難易度5の問題をとばしても構いません。難易度4までの問題を解きましょう。

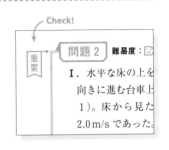

※時間がある人は，難易度5の問題にもぜひチャレンジしてください。難易度5の問題が解けるようになれば，相当の力が身についているはずです。

目 次

第1章　力学

第2章　波動

問題リスト

本書に掲載している問題を一覧にしました。

特定の難易度やテーマ，形式の問題だけを解きたいときには，索引として使ってください。

問題を解いた後には チェック欄 に記入すれば，後で確認する際に役立ちますよ。

「メモ」には，解けなかった小問や難しかった小問を記入するのがオススメです。

評価の記入例

◎…Point を見ずに解けた。
○…Point を見たら解けた。
△…Point を見ても，一部の問題は解けなかった。
×…Point を見ても，ほとんどの問題が解けなかった。

第1章 力 学

SECTION	重要マーク	問題番号	難易度	テーマ	形式	日付	評価	メモ	ページ番号
1		1	☺☺□□□	等加速度直線運動					16
	★	2	☺☺□□□	相対速度，速度の合成					18
	★	3	☺☺□□□	慣性系，速度の合成，相対速度，放物運動					21
	★	4	☺☺□□□	放物運動					23
		5	☺☺□□□	斜面上の放物運動					25
2	★	6	☺□□□□	力のつり合い	描図				27
	★	7	☺□□□□	力の分解，力のつり合い					30
		8	☺□□□□	圧力，浮力，浮力の反作用					32
3	★	9	☺☺□□□	運動方程式	空所補充，描図				35
	★	10	☺☺☺□□	慣性力，加速度系，慣性系					38
		11	☺☺☺□□	慣性力，加速度系					41

解き方のコツ

　物理の問題の解き方のコツをまとめました。日頃から，これらのコツを意識して問題演習に取り組めば，入試本番でコツが使いこなせるはずです。

問題文をしっかり読む

　難易度が標準レベル以上の入試問題になると，問題文が長い場合が多くなります。まず，問題文をしっかりと読むことが大切です。問題文中に解くための条件や仮定などが書かれている場合もあります。ときには，ヒントが書いてある場合もあります。

　「どうしてもわかりません…」と質問に来る生徒の中には，問題文に書いてあることを読み飛ばしている場合が多く見られます。問題文をしっかりと読み，条件や，与えられている物理量，解答に使える文字などには線を引くなどして明確にすることが大切です。

状況を整理して，適用する基本事項を考える

　問題文を読み，テーマとなっている物理現象をしっかりと把握して整理することが大切です。全体としては初めて見るような物理現象でも，状況を整理すれば一つ一つの設問は高校で学んだ基本事項で答えられるはずです。状況をしっかりと整理することで，高校物理のどの基本事項を適用すればよいのかを考えていきます。

　物理の入試問題に，高度なテクニックは不要です。問題の内容をしっかり整理して，基本事項を適用するだけでほとんどの問題は解けます。

誘導に従って考える

　誘導形式の問題，特に空所補充の問題では，とにかく誘導に従って一つ一つの設問に答えることが大切です。全体の流れを見通すことが大切なのですが，難問ではなかなかそうはいきません。極端な話，「よくわからないけど問題文で指示されたとおりに答えていこう」でもいいです。とにかく，一つでも多くの設問に答えることです。その上で，問題全体で扱われている物理現象について，じっくり考えるようにしましょう。

空所補充形式が苦手な人は，「問題リスト」(p.9-12) を活用して，空所補充の問題を重点的に解いてみよう！

💡 文字指定に注意

　解答は原則として問題のリード文中にある物理量の文字を使って答えること。また各設問の指示に従って答えてください。解答に使ってよい文字が指定されている場合は，それを確認することが必須です。

　解く過程で必要となる物理量は自由に使って構いませんが，問題文で触れられていない場合は，最終的な解答に含めてはいけません。

💡 最後の設問まで目を通す

　途中の設問でつまずいても，そこで終わってしまうのではなく，最後の設問まで目を通すことが大切です。難しい設問の後に，簡単に解ける問題がくることもよくあります。

　難関大の二次・個別試験では，合格に必要な得点率はそれほど高くありません。少しでも合格点に近づけるように，途中であきらめずに，一つでも多くの設問に答えることが大切です。

第1章 力学

力学は,高校物理で一番重要な分野だよ。問題数が多いから,まずは😊😊DDDや😊😊😊DDの問題だけ解いてみて,実力がついていることを確認してから😣😣😣😣Dや😣😣😣😣😣の問題に取り組むのもオススメだよ。

運動の表し方・等加速度運動

問題 1 　**難易度：**😊😊⬜⬜⬜

　直線の道路を一定の加速度でトラックが走っている。A, B の 2 本の線が 5.0 m の間隔で道路に垂直に交差して引かれており, この線上をトラックが通過する。トラックの先端が A を通過してから後端が B を通過するまでの時間は 0.80 s であった。また, トラックの先端が A, B を通過するときの速さはそれぞれ 12 m/s と 13 m/s であった。

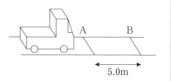

(1) トラックの加速度の大きさと向きを求めよ。

(2) トラックの先端が A を通過してから, 先端が B を通過するまでの時間を求めよ。

(3) トラックの長さを求めよ。

(4) トラックの後端が B を通過するときの速さを求めよ。

　　　　　　　　　　設問別難易度：(1), (2), (4) 😊😊⬜⬜⬜　(3) 😊😊😊⬜⬜

Point 1 　等加速度直線運動 　≫ (1)〜(4)

　まずは, 等加速度直線運動の公式を使いこなせるようになろう。等加速度直線運動の公式は, 初速度 v_0, 加速度 a, 時刻 t での変位 x, 速度 v とすると

$$v=v_0+at \quad , \quad x=v_0t+\frac{1}{2}at^2 \quad , \quad v^2-v_0{}^2=2ax$$

である。状況に応じて使用する公式を選ぶ力を身につけること。

Point 2 　問題文をよく読み, 状況を整理する 　≫ (1)〜(4)

　これから本書で学ぶ全ての問題に当てはまることだが, 問題文をよく読んで状況を整理し, 公式を使える状態までにすることが大切である。自分なりの方法で, 問題の状況を整理しよう。多くの場合, 図を描くことが有効な手段となる。

　本問では, 次の①〜③の状況が与えられている。

① トラックの先端が A を通過するときの
速さは 12 m/s。

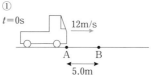

② トラックの先端が B を通過するときの
速さは 13 m/s。

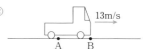

③ トラックの後端が B を通過する時刻は，
①の状況を時刻 $t=0$ とすると $t=0.80$ s。

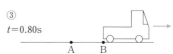

このように整理して，使う公式を考える。

解答 (1) トラックの進行方向を正とする。 Point 2 の①と②の状況を考え，加速度
を a[m/s²] とすると，等加速度直線運動の公式より

$$13^2-12^2=2a\times5.0 \quad \therefore \quad a=2.5$$

よって，加速度の大きさは $2.5\,\mathrm{m/s^2}$，向きはトラックの進行方向。

(2) ①の状況を時刻 $t=0$ s とする。②の状況の時刻を t_2[s] とすると，等加速
度直線運動の公式より

$$13=12+2.5\times t_2 \quad \therefore \quad t_2=0.40\,\mathrm{s}$$

(3) トラックの長さを L[m] とする。①の状況から③の状況までに，トラッ
クは $5.0+L$[m] だけ変位しているので，等加速度直線運動の公式より

$$5.0+L=12\times0.80+\frac{1}{2}\times2.5\times0.80^2 \quad \therefore \quad L=5.4\,\mathrm{m}$$

(4) トラックの後端が B を通過するときの速度を v[m/s] とすると，等加速
度直線運動の公式より

$$v=12+2.5\times0.80 \quad \therefore \quad v=14$$

よって，このときの速さは $14\,\mathrm{m/s}$。

問題2 難易度：☺☺☐☐☐

Ⅰ. 水平な床の上を一定の速さ 8.0 m/s で右向きに進む台車上で，小球を転がした（図1）。床から見た小球の速度は右向きに 2.0 m/s であった。

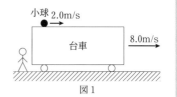

図1

(1) 台車から見た小球の速度を求めよ。

Ⅱ. 水平な床の上を一定の速さ 3.0 m/s で右向きに進む台車に滑車を取りつけ，小物体P，Qをひもでつないで滑車にかけたところ，Pは台車の上面を，Qは側面に沿って動き出した（図2）。ある時点で，台車から見たPの速度は，右向きに 4.0 m/s であった。

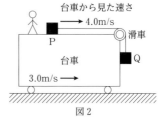

図2

(2) 床から見たPの速度の向きと大きさを求めよ。

(3) 床から見たQの速度の水平成分，鉛直成分の向きと大きさを求めよ。

(4) 床から見たQの速さを求めよ。

Ⅲ. 傾き角 30° の斜面をもつ三角台がある。三角台を水平な床の上で一定の速さ V で右向きに動かしながら，斜面上に小物体を置くと，小物体は斜面に沿って落下した（図3）。図3の状態で三角台から見た小物体の速さは u であった。

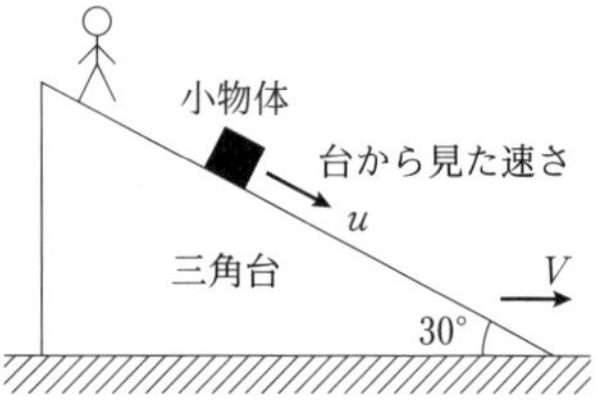

図3

(5) 床から見た小物体の速度の水平成分の向きと大きさを求めよ。

(6) 床から見た小物体の速さを求めよ。また，小物体の速度が水平方向となす角を θ として，$\tan\theta$ を求めよ。

⁑設問別難易度：(1), (2) ☺☺☐☐☐　(3)〜(5) ☺☺☐☐☐　(6) ☹☹☹☹☐

Point 1 ┃ **相対速度，合成速度** ≫ (1)〜(6)

台車（または台）の速度を $\vec{V}$，小球（または小物体）の速度を $\vec{v}$ とすると，台車から見た小球の相対速度 $\vec{u}$ は

$$\vec{u} = \vec{v} - \vec{V} \quad \cdots(\mathrm{i})$$

である。台車の速度 $\vec{V}$ と台車から見た小球の相対速度 $\vec{u}$ がわかっていて，小球の速度 $\vec{v}$ を求めなければならないときは，(i)式を変形して

$$\vec{v} = \vec{V} + \vec{u} \quad \cdots(\text{ii})$$

として求めればよい（(ii)式は速度の合成の公式である）。

　また，台車上の観測者の立場で考えるとき，「観測者から見ると台車は静止している」と考えることが大切である。

Point 2　数学で学んだことを活かす ≫ (1)〜(6)

Point 1 で，(i)式は「相対速度の公式」，(ii)式は「速度の合成の公式」と別々に考えてもよいが，(i)式から(ii)式への変換は単に数式の変形であると考えてもよい。数学で学んだことを物理でも活かそう。具体的な計算はベクトルの計算なので，これも数学で学んだとおり，図を描くか，成分に分けて計算するか，自分にとってわかりやすい方法を使えばよい。

解答　速度の水平成分は右向きを正，鉛直成分は下向きを正として解くことにする。

(1)　台車の速度の水平成分 $V=8.0\,\text{m/s}$，小球の速度の水平成分 $v=2.0\,\text{m/s}$ より，台車から見た小球の相対速度を $u\,[\text{m/s}]$ とすると

$$u = v - V = 2.0 - 8.0 = -6.0$$

よって　　**左向きに $6.0\,\text{m/s}$**

(2)　台車の速度の水平成分 $V_x=3.0\,\text{m/s}$，台車から見た P の相対速度の水平成分 $u_{\text{P}x}=4.0\,\text{m/s}$ より，床から見た P の速度の水平成分を $v_{\text{P}x}[\text{m/s}]$ とすると

$$u_{\text{P}x} = v_{\text{P}x} - V_x$$

$$\therefore \quad v_{\text{P}x} = V_x + u_{\text{P}x} = 3.0 + 4.0 = 7.0$$

よって　　**右向きに $7.0\,\text{m/s}$**

(3)　台車から見た Q の相対速度の水平成分を $u_{\text{Q}x}[\text{m/s}]$，鉛直成分を $u_{\text{Q}y}[\text{m/s}]$，床から見た Q の速度の水平成分を $v_{\text{Q}x}[\text{m/s}]$，鉛直成分を $v_{\text{Q}y}[\text{m/s}]$ とする。Q は台車の側面に沿って落下しているので，速度の水平成分は台車の速度に等しい。よって

$$v_{\text{Q}x} = V_x = 3.0$$

P と Q はひもでつながっているので，$u_{\text{Q}y}$ は $u_{\text{P}x}$ と等しく（図 4），また台車の速度

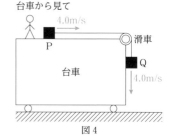

台車から見て

図 4

の鉛直成分は 0 なので

$$v_{Qy}=u_{Qy}=u_{Px}=4.0$$

よって

　　　水平成分：**右向きに 3.0 m/s**

　　　鉛直成分：**下向きに 4.0 m/s**

(4) (3)より，床から見ると，Q は図 5 の
ような速度をもつ。

床から見た Q の速さを v_Q〔m/s〕とする
と

$$v_Q=\sqrt{{v_{Qx}}^2+{v_{Qy}}^2}=\sqrt{3.0^2+4.0^2}$$
$$=5.0\,\mathrm{m/s}$$

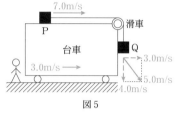

図 5

(5) 三角台から見た小物体の相対速度の向
きは斜面に平行下向きである。ゆえに，三角台から見た小物体の相対速度の
水平成分を u_x，鉛直成分を u_y とすると

$$u_x=u\cos30°=\frac{\sqrt{3}}{2}u\ ,\qquad u_y=u\sin30°=\frac{1}{2}u$$

三角台の速度の水平成分 $V_x=V$，鉛直成分 $V_y=0$ より，床から見た小物体
の速度の水平成分を v_x，鉛直成分を v_y とすると

$$v_x=V_x+u_x=V+\frac{\sqrt{3}}{2}u$$

$$v_y=V_y+u_y=\frac{1}{2}u$$

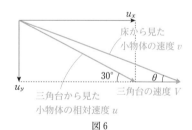

よって

　　　水平成分：**右向きに** $V+\dfrac{\sqrt{3}}{2}u$

なお，これを図で表すと図 6 となる。

図 6

(6) 小物体の速さを v とすると

$$v=\sqrt{{v_x}^2+{v_y}^2}=\sqrt{\left(V+\frac{\sqrt{3}}{2}u\right)^2+\left(\frac{1}{2}u\right)^2}=\sqrt{V^2+\sqrt{3}\,Vu+u^2}$$

$$\tan\theta=\frac{v_y}{v_x}=\frac{\dfrac{1}{2}u}{V+\dfrac{\sqrt{3}}{2}u}=\frac{u}{2V+\sqrt{3}\,u}$$

重要

問題3 難易度：☺☺□□□

　　鉛直上向きに一定の速さ $9.80\,\mathrm{m/s}$ で上昇している気球がある。地上からの高度が $24.5\,\mathrm{m}$ になったとき，気球から見て速さ $19.6\,\mathrm{m/s}$ で水平から $30°$ 上方にボールを投げた。重力加速度の大きさを $9.80\,\mathrm{m/s^2}$ とし，空気の抵抗は無視でき，ボールを投げた後も気球の速度は変化しないものとする。

(1)　地上から見てボールが最高点に達するまでの時間と，そのときの地上からの高さを求めよ。

(2)　気球から見てボールが最も上に離れた点に達するまでの時間と，そのときの気球から見たボールの高さ，および，気球から見たボールの速度の大きさと向きを求めよ。

(3)　気球とボールが同じ高さになるまでの時間と，そのときの気球とボールの距離，および，気球から見たボールの速度の大きさと向きを求めよ。

(4)　ボールが地面に落下するまでの時間を求めよ。

設問別難易度：(1), (2) ☺☺□□□　(3), (4) ☺☺☺□□

Point 1　速度の合成，斜方投射 ≫ (1), (4)

　　気球からの斜方投射の問題である。気球から見た初速度が与えられているので，気球の速度と合成して，地上から見た初速度を求めればよい。なお，斜方投射の公式は覚えるのではなく，等加速度直線運動の公式に初速度と加速度を当てはめて作ること。

Point 2　観測する立場と慣性系 ≫ (2), (3)

　　全て，地上から見た立場で解くことも可能（別解の方法を試してみること）だが，気球から見た立場で考えると，(2), (3)は容易に解ける。気球は等速直線運動をしているので，気球とともに動く系（観測者）は慣性系である。慣性系では物理法則は静止系とまったく同じであるので，気球から見ても，ボールの運動は単純な斜方投射である。地上から見た場合と初速度のみを変えて考えればよい。設問により，見る立場をしっかりと考えて解くことが大切である。

解答　気球から見たボールの初速度は

　　　　水平方向：$19.6\cos30° = 9.80\sqrt{3}\,\mathrm{m/s}$

　　　　鉛直方向：$19.6\sin30° = 9.80\,\mathrm{m/s}$

　　　地上から見たボールの初速度は，気球の速度と気球から見たボールの相対速度の和なので

　　　　水平方向：$9.80\sqrt{3}\,\mathrm{m/s}$　，　鉛直方向：$9.80 + 9.80 = 19.6\,\mathrm{m/s}$

それぞれの立場で見たボールの運動は，初速度のみが異なる斜方投射である。

(1) 地上から見てボールが最高点に達するまでの時間を t_1[s] とすると

$$19.6 - 9.80 t_1 = 0 \qquad \therefore \quad t_1 = 2.00 \text{ s}$$

また，そのときの地上からの高さは

$$24.5 + 19.6 t_1 - 4.90 t_1^2 = 24.5 + 19.6 \times 2.00 - 4.90 \times 2.00^2 = 44.1 \text{ m}$$

(2) 気球から見ても，ボールの運動は斜方投射である。ボールの初速度は気球から見た相対速度で考える。気球から見てボールが最も上に離れた点に達するまでの時間を t_2[s] とすると

$$9.80 - 9.80 t_2 = 0 \qquad \therefore \quad t_2 = 1.00 \text{ s}$$

また，そのときの気球から見たボールの高さは

$$9.80 t_2 - 4.90 t_2^2 = 9.80 \times 1.00 - 4.90 \times 1.00^2 = 4.90 \text{ m}$$

気球から見てボールが最も上に離れた点では，ボールの速度の鉛直成分は 0 で，水平成分のみなので

$$9.80\sqrt{3} = 9.80 \times 1.73 = 16.95 \fallingdotseq 17.0 \text{ m/s} \qquad , \qquad \text{向きは水平}$$

別解　地上から見た気球の高さと地上から見たボールの高さの差が最大になる時間を求めてもよい。

(3) 気球から見たボールの高さが 0 なので，気球とボールが同じ高さになるまでの時間を t_3[s] とすると

$$9.80 t_3 - 4.90 t_3^2 = 0 \qquad \therefore \quad t_3 = 0, \ 2.00$$

$t_3 = 0$ は不適であるので

$$t_3 = 2.00 \text{ s} \qquad (\text{放物運動なので，}t_3 = 2t_2 \text{となるのは当然である})$$

そのときの気球とボールの水平距離は

$$9.80\sqrt{3}\, t_3 = 9.80 \times 1.73 \times 2.00 = 33.90 \fallingdotseq 33.9 \text{ m}$$

気球から見た放物運動を考える場合，投げた高さに戻ったときの速度は，水平成分は初速度と同じで，鉛直成分が初速度と逆になるだけである。ゆえに，気球から見たボールの速度の大きさと向きは

$$\text{大きさ：} 19.6 \text{ m/s} \qquad , \qquad \text{向き：水平から下向きに} 30°$$

別解　(2)と同様に，地上から見た気球とボールの位置を考えて，高さが同じになる時間を求め，ボールの速度を求めた後，気球から見たボールの相対速度を求めてもよい。

(4) 地上から見た場合で解く。地面に落下するまでの時間を t_4[s] として

$$24.5 + 19.6 t_4 - 4.90 t_4^2 = 0$$

$$t_4^2 - 4 t_4 - 5 = 0 \qquad \therefore \quad t_4 = -1.00, \ 5.00$$

$t_4 > 0$ より　　$t_4 = 5.00 \text{ s}$

重要

難易度：☺☺☺▢▢

　図1のように水平面から角 θ だけ傾いた斜面がある。小球を，斜面上の点 O から斜面に垂直上向きに，速さ V_0 で投げ上げた。重力加速度を g とする。

(1) 小球の最高点 P の，O からの高さ h を求めよ。

(2) 小球が斜面から最も離れた点を Q とする。小球を投げてから Q に達するまでの時間，斜面から Q までの距離 L，小球が Q を通過するときの速さを求めよ。

　小球は，斜面上の点 R に落下した。

(3) 小球を投げてから R に達するまでの時間と，OR 間の距離を求めよ。

(4) R に達する直前の小球の速さを求めよ。

図 1

設問別難易度：(1) ☺☺▢▢▢　(2)〜(4) ☺☺☺▢▢

Point　加速度の分解 ≫ (2)

　放物運動の加速度は鉛直下向きに大きさ g（重力加速度）なので，運動を水平方向と鉛直方向に分解し，水平方向には等速運動，鉛直方向には等加速度運動を行うと考えるのが普通である。しかし，加速度はベクトルであり，自由な2方向に分解することができる。斜面に対する運動を考える場合，加速度を斜面に平行な方向と垂直な方向に分けて考える方が容易に解ける場合もある。図2のように，重力加速度を斜面に平行な方向と垂直な方向に分解すれば，それぞれの方向に等加速度運動をすると考えることができる。

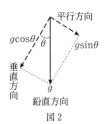

図 2

解答 (1)　通常の放物運動として，水平方向と鉛直方向に分けて考えればよい。鉛直方向の初速度は $V_0\cos\theta$ であるので，投げた地点からの小球の最高点 P の高さ h は

$$0^2-(V_0\cos\theta)^2=-2gh \quad \therefore \quad h=\frac{V_0{}^2\cos^2\theta}{2g}$$

(2)　図3のように，斜面に平行下向きに x 軸，斜面に垂直上向きに y 軸をとる。重力加速度を分解することで，x 方向へは $g\sin\theta$，y 方向へは $-g\cos\theta$ の加速度でそれぞれ等加速度運動をすると考えることができる。初速度は x

方向が 0，y 方向が V_0 である。小球が斜面（=x 軸）から最も離れた点 Q は，y 座標が最大の点で，速度の y 成分が 0 である。投げてから Q に達するまでの時間を t_1 とすると

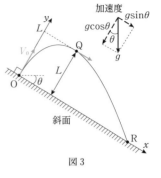

図 3

$$V_0 - g\cos\theta \cdot t_1 = 0 \qquad \therefore \quad t_1 = \frac{V_0}{g\cos\theta}$$

斜面（=x 軸）からの距離＝y 座標であるので

$$L = V_0 t_1 - \frac{1}{2}g\cos\theta \cdot t_1^2$$

$$\therefore \quad L = \frac{V_0^2}{2g\cos\theta}$$

Q における速度の y 成分は 0 なので，速度の x 成分のみを考えればよい。

$$g\sin\theta \cdot t_1 = V_0 \frac{\sin\theta}{\cos\theta} = V_0\tan\theta$$

(3) 小球が R に到達したとき，$y = 0$ である。到達するまでの時間を t_2 として

$$V_0 t_2 - \frac{1}{2}g\cos\theta \cdot t_2^2 = 0$$

$t_2 \neq 0$ も考慮して，これを解くと $\qquad t_2 = \dfrac{2V_0}{g\cos\theta}$

R は x 軸上の点であるので，OR 間の距離は R の x 座標である。

$$\mathrm{OR} = \frac{1}{2}g\sin\theta \cdot t_2^2 = \frac{2V_0^2\sin\theta}{g\cos^2\theta}$$

(4) R に達する直前の小球の速度の x 成分と y 成分をそれぞれ v_x，v_y とすると

$$v_x = g\sin\theta \cdot t_2 = 2V_0\tan\theta \quad , \quad v_y = V_0 - g\cos\theta \cdot t_2 = -V_0$$

ゆえに，R に達する直前の小球の速さを v とすると

$$v = \sqrt{v_x^2 + v_y^2} = V_0\sqrt{4\tan^2\theta + 1}$$

別解　OR 間の距離から OR 間の高さを求め，力学的エネルギー保存則を用いて求めてもよい。小球の質量を m として

$$\frac{1}{2}mV_0^2 = mg \times \left(-\frac{2V_0^2\sin\theta}{g\cos^2\theta} \cdot \sin\theta \right) + \frac{1}{2}mv^2$$

$$\therefore \quad v = V_0\sqrt{4\tan^2\theta + 1}$$

難易度：😃😃😃💢💢

　図1に示すように，水平な床の上で長さ L の
なめらかな平板を角 α だけ傾けて固定した斜面
がある。斜面と床が交わる辺を x 軸とし，それ
に垂直で斜面に沿った y 軸をとる。時刻 $t=0$ で，
原点 O から小球を x 軸となす角 θ，初速度 v_0 で
斜面に沿ってすべらせた。平板の水平方向の長さ
は十分に長いものとし，重力加速度の大きさを g とする。

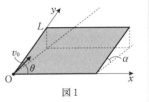

図1

(1)　斜面上で運動している小球の加速度の x, y 成分を求めよ。

(2)　時刻 t における小球の位置 x, y を求めよ。

(3)　斜面を越えないための v_0 の条件を，g, L, α, θ を用いて答えよ。

　　初速度 v_0 が，(3)で求めた条件を満たしている場合を考える。

(4)　小球が再び床に達したときの原点からの距離 x_0 を求めよ。

(5)　角 θ を変えるとき，距離 x_0 の最大値を求めよ。

💬設問別難易度：(1) 😃😃💢💢💢　(2)～(5) 😃😃😃💢💢

Point　**斜面上での放物運動**　≫ (1)～(5)

　なめらかな斜面上で物体にはたらく合力を考えると，斜面に垂直方向の力はつり合
うので，重力の斜面に平行で下向きの成分（大きさ $mg\sin\alpha$）のみとなる。ゆえに，
加速度も斜面の下向きで大きさが一定である。したがって，**水平方向には**等速運動，
斜面の傾斜方向には等加速度運動をするので，**斜面上で放物運動**をすることになる。
斜方投射の加速度の大きさが g ではなく，$g\sin\alpha$ となると考えればよい。

解答　**(1)**　小球の質量を m とすると，小球にはたらく力は重
力と斜面からの垂直抗力で，x 軸正方向から見ると図
2のようになる。小球の運動は斜面内に限られるので，
斜面に垂直方向の力はつり合っている。小球にはたら
く合力の x 成分は 0，y 成分は $-mg\sin\alpha$ となる。

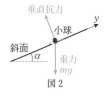

図2

ゆえに，小球の加速度の x 成分は 0 である。加速度の y 成分を a とすると，
y 方向の運動方程式より

$$ma = -mg\sin\alpha$$

$$\therefore \quad a = -g\sin\alpha$$

よって　　x 成分：0　，　y 成分：$-g\sin\alpha$

(2) 斜面（xy 平面）上の小球は，図3のように初速度の x, y 成分がそれぞれ，$v_0\cos\theta$, $v_0\sin\theta$ で，y 方向に加速度 $-g\sin\alpha$ の放物運動をする。ゆえに

$$x = v_0\cos\theta \cdot t$$

$$y = v_0\sin\theta \cdot t - \frac{1}{2}g\sin\alpha \cdot t^2$$

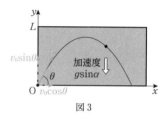

図3

(3) 斜面を越えないときの y の最大値を y_0 とすると

$$0 - (v_0\sin\theta)^2 = -2g\sin\alpha \cdot y_0 \qquad \therefore \quad y_0 = \frac{v_0{}^2\sin^2\theta}{2g\sin\alpha}$$

これが，斜面の上端 $y = L$ 以下であれば斜面を越えないので，v_0 の条件は

$$y_0 = \frac{v_0{}^2\sin^2\theta}{2g\sin\alpha} \leq L \qquad \therefore \quad v_0 \leq \frac{\sqrt{2gL\sin\alpha}}{\sin\theta}$$

(4) 床に達した時刻を t_1 とする。$y = 0$ なので

$$0 = v_0\sin\theta \cdot t_1 - \frac{1}{2}g\sin\alpha \cdot t_1{}^2 \qquad \therefore \quad t_1 = 0, \quad \frac{2v_0\sin\theta}{g\sin\alpha}$$

$t_1 = 0$ は不適である。ゆえに，x_0 は

$$x_0 = v_0\cos\theta \cdot t_1 = \frac{2v_0{}^2\sin\theta\cos\theta}{g\sin\alpha} = \frac{v_0{}^2\sin2\theta}{g\sin\alpha}$$

(5) $0 < \theta \leq 90°$ であるので，$\sin2\theta = 1$ のときに，x_0 は最大となる。(4)の結果より

$$x_0 = \frac{v_0{}^2}{g\sin\alpha}$$

なお，そのときの θ は 45° である。

SECTION 2 力

問題 6 難易度：◔◔◻◻◻

　図1のように，質量 $5m$ の人が，床に置かれた質量 $3m$ のゴンドラに乗っている。天井からつるされたなめらかに回る定滑車に軽いロープをかけ，ロープの一端をゴンドラの上端に接続し，もう一端を人が引く。重力加速度の大きさを g とする。

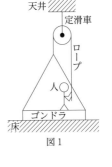

図1

　人がロープを鉛直下向きに大きさ F_1 の力で引いた。人もゴンドラも浮き上がらなかった。

(1)　人およびゴンドラにはたらく力を図示せよ。力は矢印で表し，「何からはたらく力」かを明記せよ。

(2)　人とゴンドラの間にはたらく力と，ゴンドラと床の間にはたらく力の大きさをそれぞれ求めよ。

　人がロープを引く力を大きくしていくと，人はゴンドラと接したまま，ゴンドラが床から浮き上がった。

(3)　ゴンドラが浮き上がる直前での人がロープを引く力と，人がゴンドラから受ける力の大きさをそれぞれ求めよ。

　次に，図2のようにゴンドラに質量 m の動滑車をつける。一端を天井に固定したロープを動滑車にかけ，さらに定滑車を通してもう一端を人が引く。

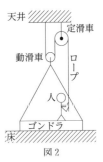

図2

　人がロープを鉛直下向きに大きさ F_2 の力で引いた。人もゴンドラも浮き上がらなかった。

(4)　動滑車がゴンドラを引く力と，ゴンドラが床から受ける力の大きさを求めよ。

　人がロープを引く力を大きくしていくと，人はゴンドラと接したまま，ゴンドラが床から浮き上がった。

(5)　ゴンドラが浮き上がる直前での人がロープを引く力の大きさを求めよ。

設問別難易度：(1) ◔◔◻◻◻　(2)〜(5) ◔◔◔◻◻

力を正確に描く
作用・反作用の法則，つり合いを正確に理解する　　　≫ (1), (2), (4)

　力を考えるときは"何にはたらく，何からの力"を意識して，正確に描くこと。さらに，作用・反作用の法則をしっかりと理解すること。これは"A にはたらく B からの力"があれば，必ず大きさが等しく逆向きの"B にはたらく A からの力"が存在するということである。この問題では，"人にはたらくロープからの力"を正確に考えることができるかがポイントになる。さらに，力のつり合いとは，1 つの物体にはたらく力の和が 0 だということである。このことに忠実につり合いの式を作ろう。

Point 2　**滑車にはたらく力**　≫ (4)

　ロープ（糸，ひもなど）がかけられた滑車には，ロープが滑車から離れる位置（2 カ所）を作用点として，ロープに平行な力がはたらく。

解答　(1)　人には，重力の他に，人がロープを引く力（下向き）の反作用で，ロープからの力（上向き）がはたらく。また，人とゴンドラは接触しているので，押し合う力（垂直抗力）がはたらく。ゴンドラにはたらく力も同様に考えると，図 3 のようになる。

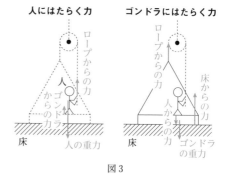

図 3

　(2)　人とゴンドラの間にはたらく力の大きさを N_1，ゴンドラと床の間にはたらく力の大きさを R_1 とする。人がロープを引く力の大きさは F_1 である。人，ゴンドラにはたらく力のつり合いの式より，それぞれ

　　　　人　　　：$5mg - F_1 - N_1 = 0$
　　　　ゴンドラ：$3mg - F_1 + N_1 - R_1 = 0$

　　　この 2 式を解いて

　　　　$N_1 = 5mg - F_1$　，　$R_1 = 8mg - 2F_1$

　　　　人とゴンドラの間にはたらく力：$5mg - F_1$
　　　　ゴンドラと床の間にはたらく力：$8mg - 2F_1$

　(3)　ゴンドラと床の間にはたらく力（大きさ R_1）が 0 になったとき，ゴンドラは床から離れる。そのときの引く力を F とすると，(2)の結果より

$$R_1 = 8mg - 2F = 0 \quad \therefore \quad F = 4mg$$

また，このとき人がゴンドラから受ける力は，(2)で求めた N_1 の F_1 を $4mg$ として

$$N_1 = 5mg - 4mg = mg$$

(4) 動滑車がゴンドラを引く力の大きさを f，人とゴンドラの間にはたらく力の大きさを N_2，ゴンドラと床の間にはたらく力の大きさを R_2 とする。人がロープを引く力の大きさは F_2 である。人，ゴンドラ，動滑車にはたらく力は図4のようになる。

人にはたらく力　　　**ゴンドラにはたらく力**　　　**動滑車にはたらく力**

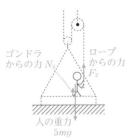 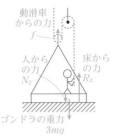 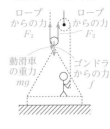

図 4

人，ゴンドラ，動滑車にはたらく力のつり合いの式をそれぞれ考える。

人　　　　：$5mg - F_2 - N_2 = 0$

ゴンドラ：$3mg - f + N_2 - R_2 = 0$

動滑車　：$mg - 2F_2 + f = 0$

これらの式を解いて

$$f = 2F_2 - mg \quad , \quad N_2 = 5mg - F_2 \quad , \quad R_2 = 9mg - 3F_2$$

動滑車がゴンドラを引く力：$2F_2 - mg$

ゴンドラが床から受ける力：$9mg - 3F_2$

(5) $R_2 = 0$ でゴンドラは床から離れる。(4)の結果より

$$R_2 = 9mg - 3F_2 = 0 \quad \therefore \quad F_2 = 3mg$$

問題7 難易度：☺☺□□□

図1のように，水平なあらい床の上に，なめらかな斜面をもつ質量 M の台が置かれている。台の底面と斜面のなす角度は θ である。質量 m の小物体が，一端が天井に固定された軽い糸で斜め上方に引っ張られ斜面上で静止している。糸と鉛直方向のなす角度は α で，台は静止していた。重力加速度の大きさを g，台と床との間の静止摩擦係数を μ とする。

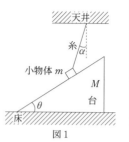
図1

(1) 糸の張力の大きさ T，小物体が斜面から受ける垂直抗力の大きさ N_1 をそれぞれ求めよ。

(2) 台が床から受ける垂直抗力の大きさ R_1，静止摩擦力の大きさ F_1 をそれぞれ求めよ。

(3) 台が静止しているために，μ が満たす条件を求めよ。

　糸を静かに切ると小物体は斜面に沿ってすべり始めた。このときも台は静止していた。

(4) 小物体が斜面上をすべっているとき，台が床から受ける垂直抗力の大きさ R_2 と，静止摩擦力の大きさ F_2 をそれぞれ求めよ。

設問別難易度：(1)☺☺□□□　(2)〜(4)☺☺□□□

Point 1 ┃ **力の分解とつり合い** ≫ (1), (2)

物体にはたらく力がつり合っているが，力の方向が1方向ではない場合，直交する適当な2方向に力を分解し，それぞれの方向でつり合いの式（向きを正負で表して，和が0）を作る。2方向をどのように選べば計算が容易かしっかり考えること。

Point 2 ┃ **加速度とつり合い** ≫ (4)

小物体が斜面に沿って加速度運動をするとき，加速度と直交する方向（斜面に垂直方向）には力がつり合っている。必要に応じてつり合いの式を作ればよい。

解答　(1) 小物体にはたらく力は図2のようになる。**小物体にはたらく力を鉛直，水平方向に分解してつり合いの式を作る。**

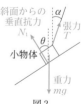
図2

　　　鉛直方向：$T\cos\alpha + N_1\cos\theta - mg = 0$　…①

　　　水平方向：$T\sin\alpha - N_1\sin\theta = 0$　…②

　　　①×$\sin\theta$＋②×$\cos\theta$ より N_1 を消去して T を求めると

$$T=\frac{mg\sin\theta}{\cos\alpha\sin\theta+\sin\alpha\cos\theta}=\frac{mg\sin\theta}{\sin(\alpha+\theta)}$$

ここでは $\cos\alpha\sin\theta+\sin\alpha\cos\theta=\sin(\alpha+\theta)$ を用いて式を整理したが，整理しなくても正解である。さらに②式より

$$N_1=\frac{T\sin\alpha}{\sin\theta}=\frac{mg\sin\alpha}{\cos\alpha\sin\theta+\sin\alpha\cos\theta}=\frac{mg\sin\alpha}{\sin(\alpha+\theta)}$$

(2) 台にはたらく力は図3のようになる。小物体からの垂直抗力は，作用・反作用の法則より図の向きに大きさ N_1 である。この力は水平右向きの成分をもつので，床からはたらく静止摩擦力は左向きである。**力を鉛直，水平方向に分けてつり合いの式を作る。**

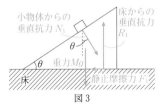

図3

鉛直方向：$R_1-N_1\cos\theta-Mg=0$　　水平方向：$N_1\sin\theta-F_1=0$

これら2式と，(1)で求めた N_1 より

$$R_1=N_1\cos\theta+Mg=\left\{\frac{m\sin\alpha\cos\theta}{\sin(\alpha+\theta)}+M\right\}g$$

$$F_1=N_1\sin\theta=\frac{m\sin\alpha\sin\theta}{\sin(\alpha+\theta)}g$$

(3) **F_1 が最大摩擦力 μR_1 以下であれば台は動き出さないので**

$$F_1\leqq\mu R_1$$

$$\frac{m\sin\alpha\sin\theta}{\sin(\alpha+\theta)}g\leqq\mu\left\{\frac{m\sin\alpha\cos\theta}{\sin(\alpha+\theta)}+M\right\}g$$

$$\therefore\quad\mu\geqq\frac{m\sin\alpha\sin\theta}{m\sin\alpha\cos\theta+M\sin(\alpha+\theta)}$$

(4) 小物体にはたらく力は，斜面からの垂直抗力の大きさを N_2 とすると図4のようになる。小物体にはたらく力は，斜面に平行な方向にはつり合っていないが，**垂直な方向にはつり合っている。**垂直方向のつり合いの式より

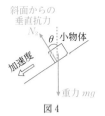

図4

垂直方向：$N_2-mg\cos\theta=0$　　$\therefore\quad N_2=mg\cos\theta$

台にはたらく力は図3と同じだが，重力以外，力の大きさが異なる。鉛直，水平方向に分けてつり合いの式を作る。

鉛直方向：$R_2-N_2\cos\theta-Mg=0$　　水平方向：$N_2\sin\theta-F_2=0$

これら2式と，N_2 より

$$R_2=N_2\cos\theta+Mg=(m\cos^2\theta+M)g$$

$$F_2=N_2\sin\theta=mg\sin\theta\cos\theta$$

図 1 のように，水の入った質量 M の円筒形の容器の底面に，ばね定数 k のばねの一端が取りつけられ，ばねの他端が床に固定されている。ばねは鉛直を保った状態で伸び縮みし，容器の底面は常に水平である。容器の断面積は S_0，水の深さは h_0 であった。水の密度を ρ_0，大気圧を p_0，重力加速度の大きさを g とする。

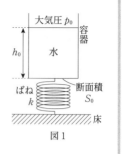

図 1

(1) 容器の内側の底面にはたらく水の圧力による力の大きさを求めよ。

(2) ばねの自然の長さからの縮み x_0 を求めよ。

次に，密度 ρ（$\rho > \rho_0$）の物質でできた，断面積 S，高さ L の円筒形の物体の上面に軽い糸をつけてつるし，図 2 のように，物体の水中の高さが d になった状態で静止させる。

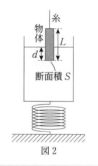

図 2

(3) 糸が物体を引く力の大きさを求めよ。

(4) ばねの自然の長さからの縮みを x_1 とする。$x_1 - x_0$ を求めよ。

(5) 容器の底面での水の圧力の大きさを求めよ。

設問別難易度：(1)～(3) 🙂🙂◻️◻️◻️　(4) 🙂🙂🙂◻️◻️　(5) 🙂🙂🙂🙂◻️

Point 1 ┆ 圧力，浮力 ≫ (1)，(3)～(5)

密度 ρ の液体について考える。深さ x での圧力 p は，大気圧を p_0，重力加速度を g とすると

$$p = p_0 + \rho g x$$

また，液体中の物体にはたらく浮力の大きさ F は，液体中の物体の体積を V とすると

$$F = \rho V g$$

であるが，浮力は物体の上面と下面にはたらく圧力による力の合力であることを理解すること。公式の丸暗記では，対応できない場合がある。

Point 2 ┆ 力のつり合いを考える対象を工夫する ≫ (2)～(4)

本問では，容器の中に水が入っているが，力のつり合いを考える対象を「容器と水を一体として」，「容器のみ」，「水のみ」など，問題によって変えてみると，考えやすくなる場合がある。

解答 (1) 水の深さが h_0 であるので，容器の底面での水の圧力 p は，$p=p_0+\rho_0h_0g$ である。容器の断面積が S_0 であるので，容器の内側の底面が水から受ける力は

$$pS_0=(p_0+\rho_0h_0g)S_0$$

(2) 水の質量は $\rho_0S_0h_0$ である。容器＋水を一体として考えて，力のつり合いより

$$(M+\rho_0S_0h_0)g-kx_0=0 \quad \cdots ①$$

$$\therefore \quad x_0=\frac{M+\rho_0S_0h_0}{k}g$$

別解 「容器のみ」に鉛直方向にはたらく力を考えると，図3のように，重力 Mg，ばねの弾性力 kx_0，水が容器の内側の底面を押す力 pS_0，大気が容器の外側の底面を押す力 p_0S_0 がある。容器にはたらく力のつり合いより

図3

$$Mg+pS_0-p_0S_0-kx_0=0$$

これに $p=p_0+\rho_0h_0g$ を代入して x_0 を求めると，当然，同じ答えになる。

　通常，大気中の物体は，大気からの圧力による力も受けているが，上面，下面で大きさが同じで合力が0となるので考える必要はない。しかし，この問題のように異なる大きさの圧力がはたらいている場合は考慮する必要がある。

(3) 物体の質量は ρSL，物体にはたらく浮力の大きさは ρ_0Sdg である。糸が物体を引く力の大きさを T とすると，物体にはたらく力のつり合いより

$$\rho SLg-\rho_0Sdg-T=0 \qquad \therefore \quad T=(\rho L-\rho_0 d)Sg$$

(4) 容器＋水にはたらく力は，(2)の状態に加えて，物体から浮力の反作用（大きさ ρ_0Sdg）が鉛直下向きにはたらき，図4のようになる。容器＋水にはたらく力のつり合いより

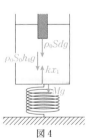
図4

$$(M+\rho_0S_0h_0)g+\rho_0Sdg-kx_1=0 \quad \cdots ②$$

①，②式より

$$x_1-x_0=\frac{\rho_0Sdg}{k}$$

(5) 「水のみ」にはたらく力を考える。底面での水の圧力を p' とすると，水の底面には容器から大きさ $p'S_0$ で鉛直上向きの力，水面には大気から大きさ p_0S_0 で鉛直下向きの力がはたらいている。さらに水の重力と浮力の反作用も考えて，力のつり合いより

$$\rho_0 S_0 h_0 g + \rho_0 S d g + p_0 S_0 - p' S_0 = 0 \qquad \therefore \quad p' = p_0 + \rho_0 g\left(h_0 + \frac{Sd}{S_0}\right)$$

別解 図 2 での水の深さを用いて求めることもできる。水の深さを h とする。水の体積は変化しないので

$$S_0 h_0 = S_0 h - S d \qquad \therefore \quad h = h_0 + \frac{Sd}{S_0}$$

これより，底面での水の圧力 p' は

$$p' = p_0 + \rho_0 g h = p_0 + \rho_0 g\left(h_0 + \frac{Sd}{S_0}\right)$$

と求めることができる。さらに，この圧力 p' を用いることで，(2)の別解と同様にして x_1 を求めることも可能である。

SECTION 3 運動の法則

重要

問題 9 難易度：☺☺☺◻◻

ばね定数 k，自然の長さ L の軽いばねを鉛直に立て，下端を床に固定し，上端には質量 M の薄い板 A を取りつけた。常にばねは鉛直，板は水平を保って運動するものとする。床面上に原点 O をとり，鉛直上向きに x 軸をとる。重力加速度の大きさを g とする。

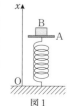

図1

(1) 以下の空欄のア〜キに入る適切な式を答えよ。

図1のように質量 m の小物体 B を板 A の上に静かに置くと，ばねは自然の長さより d だけ縮んで静止した。d は〔 ア 〕である。A と B が静止した状態から，さらにばねを $3d$ だけ縮めて静かにはなすと，B が A とともに上方に運動した。ばねの上端の座標が x のとき，A と B の加速度を a，B が A から受ける垂直抗力の大きさを N とすると，A の運動方程式は $Ma =$〔 イ 〕，B の運動方程式は $ma =$〔 ウ 〕となる。これらより a を消去して N を求めると，〔 エ 〕となる。やがて B は A から離れた。そのときのばねの長さは〔 オ 〕であり，B の速さを g，d で表すと〔 カ 〕となる。さらに B はその位置から高さ h だけ上がる。h を d で表すと〔 キ 〕となる。

(2) A と B が動き出してから B が離れるまでの間の垂直抗力 N の大きさを，横軸に x をとりグラフに描け。動き出したときの N の値を m，g を用いて表し，縦軸に記入すること。

設問別難易度：(1)ア〜ウ ☺☺◻◻◻ (1)エ〜キ,(2) ☺☺☺◻◻

Point 1 運動方程式の問題では，力の図を正確に描く ≫ (1)イ，ウ

運動方程式の問題は，物体にはたらく力を正確に考えて図を描くことが大切である。複数の物体がある場合，どの物体にはたらいている力なのかを明確にすること。力の図が描ければ，運動方程式は加速度の方向を考えて，それぞれの物体ごとに

その物体の質量×加速度＝加速度の方向の力の和

とするだけである。

　ばねを含む問題では，ばねの自然の長さか
らの伸びまたは縮みを正確に考えることが非
常に大切である。図2のような図を描いて整
理しよう。弾性力も，弾性力による位置エネ
ルギーも，自然の長さからの伸びまたは縮み
で考える。ある任意の位置を考えるとき，ば
ねが自然の長さより伸びているのか縮んでい
るのかわからない場合もある。その場合は，

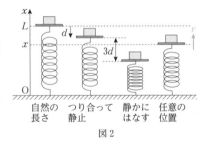

自然の　　つり合って　静かに　　任意の
長さ　　　静止　　　はなす　　位置
図2

伸びている，あるいは縮んでいると仮定して解く。どちらでも答えは同じになる。

解答 (1)　ア．AとBを質量 $M+m$ の一体の物体として考える。鉛直方向の力のつ
り合いより

$$kd-(M+m)g=0 \quad \therefore \quad d=\frac{(M+m)g}{k} \quad \cdots①$$

　イ．**ばねが自然の長さより縮んでいるとする
と，ばねの縮みは $L-x$ であり，AとB
にはたらく力はそれぞれ図3のようになる。**
Aには重力，ばねの弾性力，Bからの垂
直抗力がはたらく。Aの運動方程式は

$$Ma=k(L-x)-Mg-N \quad \cdots②$$

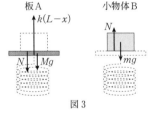

板A　　　　　　小物体B
図3

　（参考） 仮に**ばねが自然の長さより伸びているとすると，ばねの伸びは**
$x-L$ で，弾性力は大きさが $k(x-L)$ となるが，向きが下向きなので，
運動方程式は同じになる。

　ウ．Bには重力とAからの垂直抗力がはたらく。Bの運動方程式は

$$ma=N-mg \quad \cdots③$$

　エ．②，③式より a を消去して N を求めると

$$N=\frac{km(L-x)}{M+m} \quad \cdots④$$

　オ．**BがAから離れるのは $N=0$ のときである。**④式より

$$N=\frac{km(L-x)}{M+m}=0 \quad \therefore \quad x=L \quad （自然の長さのときである）$$

　カ．**A，Bが動き始めたとき，ばねは自然の長さより $4d$ 縮んでいる。**この
位置を重力による位置エネルギーの基準とする。ばねが自然の長さに戻り，
BがAから離れる直前のAとBの速さを v として，**A，B全体の力学的**

エネルギー保存則より

$$\frac{1}{2}k(4d)^2 = \frac{1}{2}(M+m)v^2 + (M+m)g \cdot 4d$$

さらに①式より，$k = \dfrac{(M+m)g}{d}$ として代入し，v を求める。

$$8(M+m)gd = \frac{1}{2}(M+m)v^2 + 4(M+m)gd$$

$$\therefore \quad v = 2\sqrt{2gd}$$

キ．B は，速さ v で鉛直投射されたので

$$0 - v^2 = -2gh \qquad \therefore \quad h = \frac{v^2}{2g} = 4d$$

(2) A，B が動き始めたとき，$x = L - 4d$ である。④式の x に代入し，

$k = \dfrac{(M+m)g}{d}$ も代入して，このときの N を求め

ると

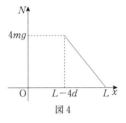

$$N = \frac{km\{L-(L-4d)\}}{M+m} = \frac{4kmd}{M+m} = 4mg$$

この後，$x = L$ となるまで A と B は運動するが，
④式より N は x に比例して減少し，$x = L$ で 0 とな
る。これを図にすると図 4 となる。

図 4

問題10 難易度：⊡⊡⊡⊡▢

　水平な直線レールの上を走る車両がある。時刻 $t=0$ から $4T$ までの間の，時刻 t と車両の速度 v の関係を図1に示す。図2に示すように，車両内には，傾き角 $30°$ のなめらかな斜面があり，斜面上に質量 m の小物体が置かれている。時刻 $t=0$ から T までの間，車両内の人から見て，小物体は斜面上で静止していた。斜面は十分に長く，小物体が車両の床に到達することはないものとし，重力加速度の大きさを g とする。

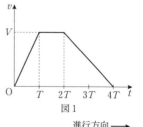
図1

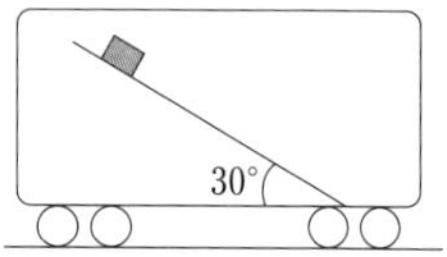

進行方向 ⟶

図2

(1) 時刻 $t=0$ から T までの間の車両の加速度を，g を用いて表せ。

(2) 時刻 $t=T$ から $2T$ までの間の車両の速度 V を，T，g を用いて表せ。

(3) 時刻 $t=T$ から $2T$ までの間，小物体は斜面をすべり降りた。車両内で見た小物体の斜面に沿った加速度の大きさを，g を用いて表せ。

(4) 時刻 $t=T$ から $2T$ までの間，小物体が斜面をすべり降りた距離を g，T を用いて表せ。

(5) 時刻 $t=2T$ における，小物体の地上に対する速度の水平成分，鉛直成分を V を用いて表せ。

(6) 時刻 $t=2T$ から $4T$ までの間，車両内で見た小物体の斜面に沿った加速度の大きさを，g を用いて表せ。

(7) 時刻 $t=4T$ における，小物体の地上に対する速度の大きさを V を用いて表せ。

設問別難易度：(1) ⊡⊡▢▢▢▢　(2)〜(4) ⊡⊡⊡▢▢　(5)〜(7) ⊡⊡⊡⊡▢

Point 1 **観測者の立場，慣性力** ≫ (1)，(6)

　動く車両の中や台車の上での物体の運動を考えるときは，まず初めに観測者の運動状態を考えること。観測者が大きさ A の加速度で運動しているとき，この観測者から見ると，質量 m の物体には大きさ mA の慣性力が加速度と逆向きにはたらく。この加速度 A は観測者の加速度で物体の加速度ではない。物体がどのような運動をしていても，慣性力は観測者の加速度の大きさと向きだけで決まることに注意すること。

Point 2 │ 慣性系，加速度系（非慣性系） ≫ (1)～(7)

　静止または等速直線運動をしている観測者から見る体系を慣性系という。慣性系では実際にはたらく力だけを考えればよい。また，観測者が静止していても等速直線運動をしていても，物理の法則は同じである。

　加速度をもつ観測者から見る体系を加速度系（非慣性系）という。加速度系では慣性力がはたらくが，それ以外の物理法則は慣性系とまったく同じである。どちらの場合も，観測者から見る運動は，観測者自身は静止して周りを見ていると考えることが大切である。

解答　(1)　時刻 $t=0$ から T までの間，加速度運動をする車両内の
　　　　観測者から見て小物体は静止しているので，慣性力を含ん
　　　　で力がつり合っている。車両の加速度を A とすると，小
　　　　物体にはたらく力は図3のようになる。斜面に平行な方向
　　　　のつり合いより

図3

$$mA\cos30°-mg\sin30°=0$$

$$\therefore \quad A=g\tan30°=\frac{\sqrt{3}}{3}g \quad \cdots①$$

　　(2)　車両の加速度は A なので

$$V=AT=\frac{\sqrt{3}\,gT}{3} \quad \cdots②$$

　　(3)　図1より，時刻 $t=T$ から $2T$ までの間，車両は等速直線運動をするので，車両内から小物体を見るときに慣性力を考える必要はない。単に斜面をすべる物体である。車両内で見た小物体の，斜面に平行下向きの加速度を a_1 として

$$ma_1=mg\sin30°$$

$$\therefore \quad a_1=g\sin30°=\frac{g}{2}$$

　　(4)　車両内から見ると，時刻 $t=T$ から $2T$ までの間，小物体は初速度0，加速度 a_1 で斜面をすべり降りる。斜面をすべり降りた距離を S として

$$S=\frac{1}{2}a_1(2T-T)^2=\frac{gT^2}{4}$$

　　(5)　時刻 $t=2T$ における，車両内で見た小物体の斜面に平行な方向の（相対）速度の大きさを u_1 とする。②式も利用して u_1 を V で表すと

$$u_1=a_1(2T-T)=\frac{gT}{2}=\frac{\sqrt{3}}{2}V$$

車両から見た（相対）速度の向きは斜面に平行で，車両の速度は水平に速さ V なので，地上から見た小物体の速度は図4のようになる。速度の合成より

図4

$$\text{水平成分}：u_1\cos30° + V = \frac{\sqrt{3}}{2}V \times \frac{\sqrt{3}}{2} + V$$

$$= \frac{7}{4}V$$

$$\text{鉛直成分}：u_1\sin30° = \frac{\sqrt{3}}{2}V \times \frac{1}{2} = \frac{\sqrt{3}}{4}V$$

(6) 時刻 $t=2T$ から $4T$ までの間，図1より車両の加速度の大きさは $\dfrac{A}{2}$ で，向きは進行方向と逆向きである。車両内で見た小物体にはたらく力は図5のようになる。車両内で見た小物体の斜面に平行下向きの加速度を a_2 とし，運動方程式を作る。①式も利用して

$$ma_2 = mg\sin30° + \frac{mA}{2}\cos30°$$

$$= \frac{mg}{2} + \frac{m}{2} \times \frac{\sqrt{3}}{3}g \times \frac{\sqrt{3}}{2} = \frac{3}{4}mg$$

$$\therefore \quad a_2 = \frac{3}{4}g$$

(7) 車両内で見て，小物体は時刻 $2T$ から初速度 u_1，加速度 a_2 で斜面をすべり降りる。$t=4T$ での車両内から見た（相対）速度を u_2 とし，②式も利用して

$$u_2 = u_1 + a_2(4T - 2T) = \frac{\sqrt{3}}{2}V + \frac{3}{4}g \times 2T = \frac{\sqrt{3}}{2}V + \frac{3}{2} \times \sqrt{3}\,V$$

$$= 2\sqrt{3}\,V$$

時刻 $t=4T$ で，車両の速度は0なので，小物体の速度は車両から見ても地上から見ても同じである。

図1に示すように，水平から傾き角 θ のなめらかな斜面 AB と床から高さ h の水平でなめらかな面 BC をもつ台が，水平な床の上を一定の大きさ α の加速度で左方向に運動している。斜面 AB と面 BC は点 B でなめらかにつながっている。斜面 AB 上に質

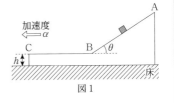

図1

量 m の小物体があり，台上で見ると小物体は静止している。重力加速度の大きさを g とする。

(1) α を求めよ。

次に，小物体に，台上から見て斜面に平行下向きで大きさ v の速度を与えたところ，小物体は斜面をすべり降り，点 B を通過して点 C に向かった。ただし，点 B を通過する直前と直後で，小物体の速さは変わらないものとする。

(2) 小物体が点 B を通過するときの台から見た速さを求めよ。

(3) 小物体が台の端点 C から落ちない BC 間の最小距離 d を，v, α で表せ。

(4) BC 間の距離が $\dfrac{d}{2}$ の場合について考える。台の端点 C から小物体が飛び出した後，小物体が床に達するまでの小物体の水平移動距離 L を求めよ。ただし，小物体が点 B を通過したときの床の上から見た台の速度を V_0 とし，台は小物体が飛び出した後，直ちに停止し，小物体に衝突しないものとする。答えは，v, V_0, h, g で表せ。

設問別難易度：(1)〜(3) ▷▷▷▷▷　(4) ▷▷▷▷▷

Point 1 | **力がつり合っているときは静止または等速直線運動** ≫ (1), (2)

本問において，台上で見ると，斜面上の小物体にはたらく力はつり合っている。ゆえに，台上で見ると，斜面上の小物体は静止または等速直線運動をする。

Point 2 | **視点の移動** ≫ (3), (4)

「見やすい」，「考えやすい」立場に視点（観測者）を移動することが大切である。水平面 BC 上で，台に対する小物体の移動距離を求めるなら台上で見た方が考えやすい。床に対する運動は，床から見た方が考えやすいことが多い。

解答 (1) 台上で見ると小物体は静止しているので，台上で観測すると**小物体にはたらく力は慣性力を含んで図2のようになり，つり合っている**。斜面に平行な方向の力のつり合いより

$$mg\sin\theta - m\alpha\cos\theta = 0 \qquad \therefore \quad \alpha = g\tan\theta$$

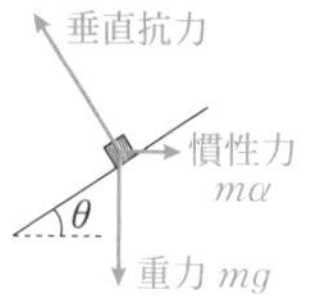

図2 (右上)：垂直抗力／慣性力 $m\alpha$／重力 mg／θ

(2) 台の加速度は同じなので，台上で観測すると，小物体が斜面上で静止していても運動していても小物体にはたらく力は変わらない。つまり小物体が斜面上にあるときは，小物体にはたらく力は慣性力を含んでつり合っているので，**小物体は等速直線運動をする**。したがって，小物体が点Bを通過するときの台から見た速さは変化せず，v である。

(3) 小物体がBC間にあるとき，**台から見た小物体の加速度は左向きを正として** $-\alpha$ である。台から見た小物体の相対加速度を左向きを正として A とすると，A は以下の①，②の2通りの考え方で求めることができる。

① 台上で見ると，小物体にはたらく水平方向の力は，図3のように大きさ $m\alpha$ で右向きの慣性力のみである。

図3 (右)：加速度 A ／慣性力 $m\alpha$

運動方程式より

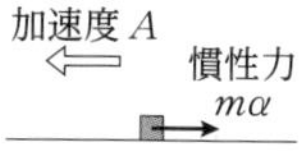

$$mA = -m\alpha \qquad \therefore \quad A = -\alpha$$

② 床から見ると，小物体にはたらく水平方向の力はないので，小物体の加速度は0である。台の加速度は左向きに α なので，相対速度の公式より

$$A = 0 - \alpha = -\alpha$$

よって，台上で見た小物体は左向きを正として，点Bで速度 v，加速度 $-\alpha$ の運動をする。台から見て小物体が静止するまでの距離が，小物体が落ちない BC 間の最小距離 d になるので

$$0 - v^2 = -2\alpha d \qquad \therefore \quad d = \frac{v^2}{2\alpha}$$

(4) 小物体が点Bを通過したとき，**床から見た小物体の速度を** u とすると，**速度の合成**より

$$u = v + V_0$$

点Bを通過した後，床から見て小物体にはたらく水平方向の力はない。ゆえに，**小物体は床から見て等速直線運動をする**ので，点Cから飛び出したときの速度も u である。

点Cから飛び出した後の小物体の運動は水平投射であるので，床に達するまでの時間 t は

$$h = \frac{1}{2}gt^2 \qquad \therefore \quad t = \sqrt{\frac{2h}{g}}$$

ゆえに，この間の水平移動距離 L は $\qquad L = ut = (v + V_0)\sqrt{\frac{2h}{g}}$

問題12 難易度：◇◇◇□□□

　図1のように，なめらかで水平な床に置か
れた質量 M の台の上に，質量 m の小物体が
置かれている。台の右端には質量の無視でき
るひもがつけられている。速度や加速度は図
の力の向きのように右向きを正の方向にとる

図1

ものとする。台と小物体の間の静止摩擦係数を μ_0，動摩擦係数を μ_1，重力加
速度の大きさを g とする。

　ひもを水平方向右向きに引き，台に F_1 の力を加えたところ，小物体は台の
上ですべることなく，台車と一体となって動いた。

(1)　床に対する台の加速度を求めよ。

(2)　小物体にはたらく摩擦力は静止摩擦力か動摩擦力か答えよ。また，その大
　　きさを答えよ。

　台を引く力を増していき，大きさが F_2 を超えると，小物体は台上をすべり
出した。

(3)　静止摩擦係数 μ_0 を求めよ。

　F_2 に比べて十分大きい水平方向右向きの力 F_3 を，台に時刻 $t=0$ から $t=t_0$
まで加えた。ただし，台と小物体は時刻 $t=0$ で静止していたとし，以下では
速度や加速度は床に固定された座標で考えることにする。また，台は十分に長
く，小物体が台から落ちることはないものとする。

(4)　力 F_3 が台に作用している間（$0 \leqq t \leqq t_0$）の台と小物体それぞれの加速度を
　　求めよ。

(5)　力 F_3 がはたらかなくなる瞬間（$t=t_0$）における台の速度 V_0 と小物体の速
　　度 w_0 を求めよ。

(6)　力 F_3 がはたらかなくなった直後の台の加速度を求めよ。

　$t=t_0$ からある時間が経過し時刻 t_1 になったとき，台は等速直線運動を始めた。

(7)　等速直線運動を始めるまでの時間 t_1-t_0，および
　　時刻 t_1 以降の台の速度 V_1 を，V_0 と w_0 などを用い
　　て表せ。

(8)　以上を総合して，台の速度 V と小物体の速度 w
　　が時刻とともに変化する様子の概略を右図に描き入
　　れよ。また，小物体が台に対して移動した距離を塗
　　りつぶせ。

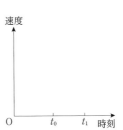

┊設問別難易度：(1), (2) ◇◇□□□　　(3)～(7) ◇◇◇□□　　(8) ◇◇◇◇□

台の上に小物体をのせて，水平に運動させる。このような問題を「親子亀の問題」という。まず，**力をしっかりと図示**して考えること。ポイントは**摩擦力の向きを正しく考える**ことである。

・接触している物体どうしの相対速度が 0（同じ速度で動いている）
→静止摩擦力がはたらく，もしくは力がはたらかない。静止摩擦力の向きは，もし摩擦がなければどんな運動をするか，どちらか一方の物体について考えてみよう。もう一方の物体には，作用・反作用の法則により逆向きの摩擦力がはたらく。
・接触している物体どうしの相対速度が 0 ではない（速度が異なる）
→動摩擦力がはたらく。向きは，どちらか一方の物体から観測した相対速度の逆向きになる。もう一方の物体には，作用・反作用の法則により逆向きの摩擦力がはたらく。

「親子亀の問題」に限らず，「力が，ある条件を超える場合に，物体がすべり出す」という問題は，すべり出す直前の状態を考える。静止摩擦力が最大摩擦力となっていて，その状態での力のつり合いや運動方程式を考えればよい。

解答 (1) 台と小物体を質量 $M+m$ の 1 つの物体と考える。加速度を a_1 として

$$(M+m)a_1 = F_1 \quad \therefore \quad a_1 = \frac{F_1}{M+m}$$

(2) 小物体も，図の**右向きに加速度 a_1 で運動**している。小物体が右向きに運動するためには，**小物体に，水平右向きに摩擦力がはたらかなければならない**。台に対して小物体は静止しているので，この力は**静止摩擦力**である。静止摩擦力の大きさを f として，小物体の運動方程式より

$$ma_1 = f \quad \therefore \quad f = ma_1 = \frac{mF_1}{M+m}$$

別解 台上の観測者から見ると，台は水平右向きで大きさ a_1 の加速度をもつので，小物体には水平左向きに大きさ ma_1 の慣性力がはたらく。この観測者から見ると，小物体は静止しているので，静止摩擦力が右向きにはたらき，水平方向の力のつり合いより

$$f - ma_1 = 0 \quad \therefore \quad f = ma_1 = \frac{mF_1}{M+m}$$

(3) 引く力の大きさが F_2 で，**小物体がすべり出す直前を考える**。(1), (2)と同様に考えて，小物体にはたらく静止摩擦力の大きさ f は

$$f = \frac{mF_2}{M+m}$$

すべり出す直前なので，これが最大静止摩擦力 $\mu_0 mg$ となっている。ゆえに

$$\frac{mF_2}{M+m} = \mu_0 mg \qquad \therefore \quad \mu_0 = \frac{F_2}{(M+m)g}$$

(4) **台の速度が小物体の速度より大きいので，台上で見ると小物体は左向きに動く。** ゆえに，図 2 のように，**動摩擦力は小物体には右向き**，台には左向きにはたらき，大きさは $\mu_1 mg$ である。台と小物体の加速度をそれぞれ α，β とし，運動方程式を作る。

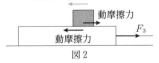
台から見た小物体の動き
動摩擦力
動摩擦力 $\qquad$ F_3
図 2

$$台 \quad : M\alpha = F_3 - \mu_1 mg \qquad \therefore \quad \alpha = \frac{F_3 - \mu_1 mg}{M}$$

$$小物体 : m\beta = \mu_1 mg \qquad \therefore \quad \beta = \mu_1 g$$

(5) それぞれ等加速度直線運動をするので

$$V_0 = \alpha t_0 = \frac{F_3 - \mu_1 mg}{M} t_0 \quad , \quad w_0 = \beta t_0 = \mu_1 g t_0$$

(6) **台の速度の方が大きいので動摩擦力の向きは図 2 と同じである。** 台の加速度を α' として

$$M\alpha' = -\mu_1 mg \qquad \therefore \quad \alpha' = -\frac{\mu_1 mg}{M}$$

(7) $t = t_0$ から t_1 まで**小物体にはたらく力は図 2 と同じ**で，加速度は β のままである。時刻 t_1 で，台と小物体は同じ速度 V_1 になるので

$$V_1 = V_0 + \alpha'(t_1 - t_0) = w_0 + \beta(t_1 - t_0)$$

α' と β を代入して計算すると

$$t_1 - t_0 = \frac{M(V_0 - w_0)}{\mu_1 g(M+m)} \quad , \quad V_1 = \frac{MV_0 + mw_0}{M+m}$$

別解 台と小物体からなる物体系を考えると，台と小物体間にはたらく動摩擦力は内力であるので，運動量保存則が成り立つ。これより

$$MV_0 + mw_0 = (M+m)V_1 \qquad \therefore \quad V_1 = \frac{MV_0 + mw_0}{M+m}$$

(8) 速度–時刻のグラフ（v–t グラフ）の傾きが加速度になることに注意してグラフを描く。$0 \leqq t \leqq t_0$ では $\alpha > \beta > 0$，$t_0 \leqq t \leqq t_1$ では $\alpha' < 0$ であることを考慮して作図すると図 3 となる。$0 \leqq t \leqq t_1$ の小物体の加速度は β で一定であることにも注意すること。t_1 以後は，両物体ともに等速直線運動をする。v–t グラフの面積が物体の移動距離になる。台上での移動距離は台の移動距離か

ら小物体の移動距離を引くので，**図 3 の網かけ部分**となる。

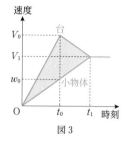

図 3

問題13 難易度：😊😊😊😊◻

図1のように傾き角 $45°$ の斜面上に質量 M の直角二等辺三角形の物体Aを斜辺の面が斜面と接するように置く。直角二等辺三角形の等しい2辺の長さを d とする。Aの上面に質量 m の小物体Bを置く。斜面上に原点Oをとり，水平右向きに x 軸，鉛直下向きに y 軸をとる。初め，Aは上面が $y=0$ となる位置にあり，Bは

図1

A上面の右端，すなわち $(x, y)=(d, 0)$ の位置にある。空気の抵抗および斜面とAの間の摩擦は無視できるものとする。重力加速度を g とする。

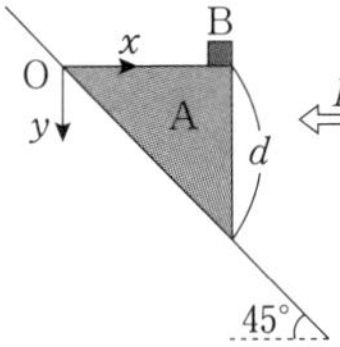

I．AとBの間の摩擦も無視できる場合について考える。

(1) 図1のようにAの右面に水平左向きに力 F を加えたところ，2つの物体は最初の位置に静止したままであった。F の大きさを求めよ。

(2) 力 F を取り除いたところ，AとBは運動を開始した。その後，BはA上面の左端に達した。この瞬間のBの y 座標を求めよ。

(3) BがA上面の左端に達する直前のBの速さ v を求めよ。

II．図2に示すようにA上面の点Pを境にして右側の表面があらく，この部分でのAとBの間の静止摩擦係数および動摩擦係数はそれぞれ μ, μ'（ただし $\mu>\mu'$）で，A上面の点Pより左側はなめらかである場合について考える。**I**(1)と同様に，力 F を加えて両物体を静止させた後，力 F を取り除いた。

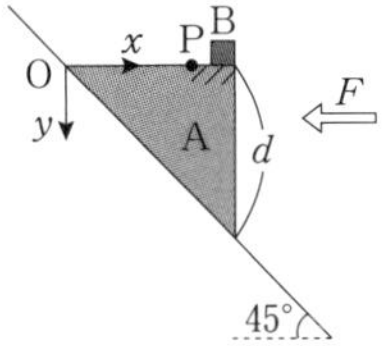

図2

(4) μ が十分に大きい場合，BはA上面をすべり出さず，両物体は一体となって斜面をすべり降りる。このときの両物体の x 方向の加速度 a_x と y 方向の加速度 a_y を求めよ。

(5) μ がある値 μ_0 より小さければBはA上面をすべり出す。μ_0 を求めよ。

(6) μ が μ_0 より小さい場合に，Bが最初の位置 $(x, y)=(d, 0)$ からA上面の左端に達するまでの軌跡として最も適当なものを図3の(ア)～(オ)の中から一つ選べ。ここで Q_1, Q_2, Q_3 はそれぞれ，Bの最初の位置，BがA上面の点Pに達した瞬間の位置，BがA上面の左端に達した瞬間の位置を表す。また破線は直線 $y=x$ を示す。

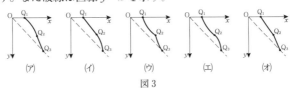

図3

物体は，力がはたらかない方向には絶対に加速度をもたない。また，静止している物体は，加速度のない方向に速度成分をもつことはない。この問題の I では，A と B の間に摩擦力がはたらかないので，B には水平方向にはたらく力はなく，B は鉛直方向にしか動かない。

物体が，一定の加速度（大きさ，向きが変わらない）をもつ場合について考える。物体が初め静止している場合と，加速度の方向に初速度をもつ場合は，加速度の方向に等加速度直線運動をする。自由落下や鉛直投射がその例である。加速度と異なる方向に初速度をもつ場合は，放物運動をする。水平投射や斜方投射がその例である。

解答 (1) **A と B を一体として考える**。斜面から物体にはたらく垂直抗力の大きさを R とすると，この物体にはたらく力は図 4 のようになる。力のつり合いより

x 方向：$R\sin45° - F = 0$

y 方向：$(M+m)g - R\cos45° = 0$

この 2 式より，R を消去して

$$F = (M+m)g$$

(2) A と B の間に摩擦はないので，**B に水平方向の力ははたらかない**。ゆえに，**B の水平方向の位置（x 座標）は変化しない**。つまり，図 5 のように B は鉛直に移動し，A が水平方向に d だけ移動したとき，B は A 上面の左端に達する。鉛直方向には d だけ落下するので，B の位置座標は

$$x = d , \quad y = d$$

(3) A の速さを V とする。B は A 上面に接して運動しているので，**B の速さ v は，A の速度の y 成分と等しい**。ゆえに

$$v = V\sin45° = \frac{V}{\sqrt{2}} \quad \cdots ①$$

また，力学的エネルギー保存則より

$$(M+m)gd = \frac{1}{2}MV^2 + \frac{1}{2}mv^2 \quad \cdots ②$$

①，②式より V を消去して v を求めると

$$v=\sqrt{\frac{2(M+m)gd}{2M+m}}$$

(4) **A と B を一体として考える。**斜面に平行な方向の加速度の大きさを a とすると

$$(M+m)a=(M+m)g\sin45° \quad \therefore \quad a=g\sin45°=\frac{g}{\sqrt{2}}$$

加速度の $x,\ y$ 成分は

$$a_x=a\sin45°=\frac{g}{2} \quad , \quad a_y=a\cos45°=\frac{g}{2}$$

(5) B が A 上面をすべらないとき，B にはたらく A からの静止摩擦力の大きさを f とすると，B の水平方向の運動方程式より

$$ma_x=f \quad \therefore \quad f=ma_x=\frac{mg}{2}$$

また，A からの垂直抗力の大きさを N とすると，B の鉛直方向の運動方程式より

$$ma_y=mg-N \quad \therefore \quad N=mg-ma_y=\frac{mg}{2}$$

B が A 上面を**すべり出す直前**を考える。このとき**静止摩擦力 $f=\mu_0 N$ より**

$$f=\mu_0 N$$

$$\frac{mg}{2}=\mu_0\times\frac{mg}{2} \quad \therefore \quad \mu_0=1$$

(6) A 上で見ると B は左向きの速度をもつので，B が A 上面のあらい部分をすべるとき，水平右向きに動摩擦力がはたらく。B にはたらく力は図6のようになるため，**B は斜め右下向きの一定の加速度をもつことになる。**B の初速度は 0 なので，点 P に達するまで，**B は加速度の向きに等加速度直線運動をする** $(Q_1 \rightarrow Q_2)$。点 P より左側では水平方向に力ははたらかず，加速度は鉛直方向となる。Q_2 での速度は右斜め下なので，以後は放物運動（y 方向を軸とする 2 次曲線）となる。これをまとめると図7となる。ゆえに　（イ）

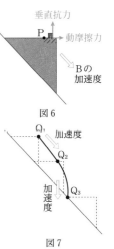

図6

図7

水平でなめらかな床に，質量 $10m$ の直方体の
台Cが置かれている。Cには軽い滑車Pがつけ
られ，軽い糸がかけられている。糸の両端には質
量 m の物体Aと，質量 $3m$ の物体Bがつけら
れ，AはCの鉛直でなめらかな側面に接してつるさ
れ，BはCの水平でなめらかな上面に置かれて
いる。初め，全てが静止した状態から，Cに水平

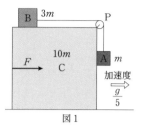

図1

右向きの一定の大きさの力Fを加える。同時に，A，Bを静かにはなすと，C
は大きさ $\dfrac{g}{5}$ の加速度で右向きに動き出し，AはCの側面に接したまま落下
した。重力加速度の大きさを g とする。

(1) Aの加速度の鉛直下向きの成分を a とする。糸の張力の大きさを T とし
　　て，C上の観測者から見たA，Bの運動方程式を作れ。

(2) a, T を求めよ。

(3) 床から見たBの加速度を求めよ。

(4) BがC上で水平方向に距離 L だけ進む時間を求めよ。また，距離 L だけ
　　進んだときの，BのCに対する速度を求めよ。

(5) AがCの側面から受ける力の大きさを求めよ。

(6) Cを押す力Fの大きさを求めよ。

(7) Cが床から受ける力の大きさを求めよ。

(8) 床から見たAの運動の軌跡は，図2のア〜
　　オのどれか，最も適当なものを選べ。ただし，
　　Aが床に衝突する以前に，Bが滑車に衝突す
　　ることはないものとする。

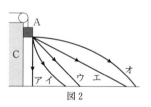

図2

Point 1　観測者の立場，相対加速度，加速度の合成　≫ (1), (3)〜(6)

　台上の観測者から見るときは，台は静止していると考えて他の物体の動きを考える。
本問では，AはCから見ると鉛直方向に落下し，水平方向には動いていない。一方，
床から見ると，Aは水平方向にCと同じ大きさの加速度をもっている。なお，加速
度も速度と同様に相対加速度を考えることができるし，合成することもできる。

　台に滑車が取りつけられている場合，滑車も台の一部として考える。滑車にはたらく力を忘れないように。

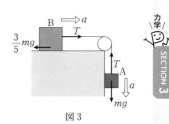

図 3

解答　(1)　C の加速度は水平方向なので，**A の加速度の鉛直成分は床から見ても C から見ても同じ a である**。ゆえに，**C から見て A は鉛直下向きに，B は水平右向きに，それぞれ加速度 a で運動する**。A にはたらく鉛直方向の力と，B にはたらく水平方向の力だけを描くと，図 3 のようになる。**C 上で観測するので，B には慣性力がはたらく**。慣性力は A にもはたらくが，水平方向なので，鉛直方向の運動方程式には関係ない。それぞれの加速度の方向に運動方程式を立てる。

$$A : ma = mg - T \quad \cdots ①$$

$$B : 3ma = T - \frac{3}{5}mg \quad \cdots ②$$

(2)　①，②式を解いて

$$a = \frac{g}{10} \quad , \quad T = \frac{9}{10}mg$$

(3)　床から見た B の加速度を a_B とする。**C から見た相対加速度が a であり，床から見た C の加速度は $\frac{g}{5}$ なので**

$$a = a_B - \frac{g}{5} \quad \therefore \quad a_B = a + \frac{g}{5} = \frac{3}{10}g \quad （加速度の合成である）$$

(4)　C に対する加速度 a で考える。距離 L だけ進む時間を t_1 とすると

$$\frac{1}{2}at_1^2 = L \quad \therefore \quad t_1 = \sqrt{\frac{2L}{a}} = 2\sqrt{\frac{5L}{g}}$$

また，そのときの C に対する速度を u_1 とすると

$$u_1 = at_1 = \frac{g}{10} \times 2\sqrt{\frac{5L}{g}} = \sqrt{\frac{gL}{5}}$$

(5)　A には C から水平右向きの垂直抗力がはたらく。その大きさを N_A とする。A は，水平方向には C と同じ運動をするので，**床から見て水平右向きに大きさ $\frac{g}{5}$ の加速度をもつ**。水平方向の運動方程式より

$$m \times \frac{g}{5} = N_A \quad \therefore \quad N_A = \frac{mg}{5}$$

(6) CとBの間にはたらく垂直抗力の大きさを N_B，C
と床との間の垂直抗力の大きさを R として，床から
観測すると，Cには図4のような力がはたらく。滑車
Pにはたらく力を忘れないようにすること。Cについ
ての水平方向の運動方程式より

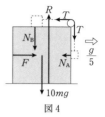

図4

$$10m \times \frac{g}{5} = F - N_A - T = F - \frac{mg}{5} - \frac{9}{10}mg$$

$$\therefore \quad F = \frac{31}{10}mg$$

(7) Bについての鉛直方向のつり合いより，$N_B = 3mg$ である。Cについての
鉛直方向のつり合いより

$$R - 10mg - N_B - T = R - 10mg - 3mg - \frac{9}{10}mg = 0$$

$$\therefore \quad R = \frac{139}{10}mg$$

(8) 床から見たAの加速度は水平成分が $\frac{g}{5}$，鉛直成

分が $\frac{g}{10}$ であり，床から見ると図5の方向となる。

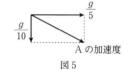

Aの加速度

図5

初め，Aは静止状態であるので，加速度の方向に
等加速度直線運動をする。

ゆえに　エ

別解　初めのAの位置を原点とし，床に対する座標系として水平右向きに
x 軸，鉛直下向きに y 軸をとる。Aをはなしたときを時刻 $t=0$ とすると，
時刻 t のときのAの座標は

$$x = \frac{1}{2} \times \frac{g}{5} \times t^2 = \frac{gt^2}{10} \quad , \quad y = \frac{1}{2} \times \frac{g}{10} \times t^2 = \frac{gt^2}{20}$$

ゆえに，軌跡は $y = \frac{1}{2}x$ となるので，エである。

問題15 | 難易度：⌣ ⌣ ⌣ ⌣ ⌣

図1のように，なめらかで水平な床に，傾き角 θ で長さ L のなめらかな斜面をもつ質量 M の台を置く。台が静止している状態で，斜面の上端に質量 m の小物体を置き，静かにはなす。重力加速度の大きさを g とする。

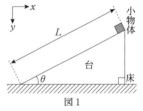

図1

水平右向きを x 方向，鉛直下向きを y 方向とする。台の加速度を A，小物体の加速度の x 成分，y 成分をそれぞれ a_x, a_y とする。また，台と小物体の間にはたらく垂直抗力の大きさを N とする。

(1) 台について，x 方向の運動方程式を作れ。

(2) 小物体について，x, y 方向の運動方程式を作れ。

(3) 台から見た小物体の加速度の x, y 成分 b_x, b_y を，A, a_x, a_y で表せ。

(4) b_x, b_y の関係をよく考えて，A, a_x, a_y の関係を，θ を用いて表せ。

　　ここで，$M=5m$，$\theta=30°$ とする。

(5) A, a_x, a_y および N を，m, g のうち必要な文字を用いてそれぞれ求めよ。

(6) 台から見た小物体が斜面に沿ってすべり降りる加速度を求めよ。

(7) 小物体が斜面の下端に到達するまでの時間を求めよ。

(8) 小物体が下端に到達する直前の，台と小物体の速度の x 成分をそれぞれ求めよ。

(9) 小物体が斜面の下端に到達するまでに，台と小物体が水平方向に移動した距離をそれぞれ求めよ。

∴ 設問別難易度：(1) ⌣ ⌣ ☐ ☐ ☐　(2)～(5), (7) ⌣ ⌣ ⌣ ☐ ☐　(6), (8), (9) ⌣ ⌣ ⌣ ⌣ ☐

Point | **見る立場，相対加速度** 》 (3), (4)

何度も繰り返すが，どの立場の観測者から見るかを明確にすること。この問題では，床にいる観測者から見て運動方程式を立てるのだが，それだけでは式が足りない。台も動くので，小物体の運動の方向＝加速度の方向は，斜面と平行ではない。そこで，立場を変えて台上の観測者から見てみると，小物体の運動の方向＝相対加速度の方向は斜面に平行であることに気づく。これより立式すればよい。

解答　(1) 台と小物体にはたらく力は図2のようになる。台にはたらく力のうち，水平方向の成分をもつのは，小物体からの垂直抗力 N のみである。ゆえに，x 方向の運動方程式は

$$MA = N\sin\theta \quad \cdots ①$$

(2) 同様に図2より，小物体の運動方程式を正の
向きに注意して水平，鉛直方向に分けて考える。

$$x\text{ 方向：} ma_x = -N\sin\theta \quad \cdots ②$$
$$y\text{ 方向：} ma_y = mg - N\cos\theta \quad \cdots ③$$

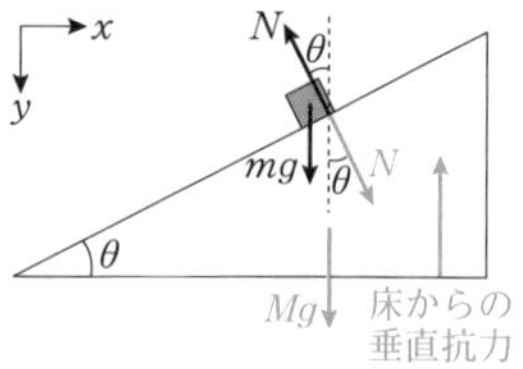

図2

(3) 床から見た台と小物体の加速度をそれぞれ
$\vec{A} = (A, \ 0)$, $\vec{a} = (a_x, \ a_y)$, 台から見た小物
体の相対加速度を $\vec{b} = (b_x, \ b_y)$ とすると

$$\vec{b} = \vec{a} - \vec{A}$$

であるので

$$b_x = a_x - A \quad , \quad b_y = a_y$$

(4) **台上で見ると**，図3のように，小物体の**相対加速度は斜
面に平行下向きで，水平となす角は θ である。** $b_x < 0$ であ
ることも考えて

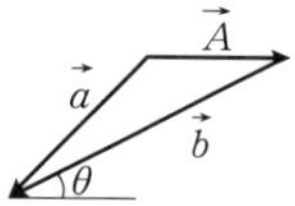

$$\tan\theta = \frac{b_y}{-b_x}$$

$$\therefore \quad \tan\theta = -\frac{a_y}{a_x - A} \quad \cdots ④$$

図3

(5) ①〜④式に，$M = 5m$，$\theta = 30°$ を代入して解く。

$$A = \frac{\sqrt{3}}{21}g \quad , \quad a_x = -\frac{5\sqrt{3}}{21}g \quad , \quad a_y = \frac{2}{7}g \quad , \quad N = \frac{10\sqrt{3}}{21}mg$$

(6) **台から見た相対加速度の大きさを求める**ということである。まず(3)より，
b_x, b_y を求めて

$$b_x = -\frac{2\sqrt{3}}{7}g \quad , \quad b_y = \frac{2}{7}g$$

相対加速度の大きさを b として

$$b = \sqrt{b_x{}^2 + b_y{}^2} = \frac{4}{7}g$$

別解　図3の $\vec{b}$ の大きさを求める。

$$b = \frac{b_y}{\sin 30°} = \frac{a_y}{\sin 30°} = \frac{4}{7}g$$

(7) 小物体がすべり降りる時間を t として

$$L = \frac{1}{2}bt^2 \quad \therefore \quad t = \sqrt{\frac{2L}{b}} = \sqrt{\frac{7L}{2g}}$$

別解　小物体は，鉛直方向には加速度 a_y で距離 $L\sin 30°$ だけ落下するので

$$L\sin30° = \frac{1}{2}a_y t^2 \quad \therefore \quad t = \sqrt{\frac{2L\sin30°}{a_y}} = \sqrt{\frac{7L}{2g}}$$

(8) 台と小物体の速度の x 成分をそれぞれ V_x, v_x とする。

$$\text{台} \quad : V_x = At = \frac{\sqrt{3}}{21}g \times \sqrt{\frac{7L}{2g}} = \sqrt{\frac{gL}{42}}$$

$$\text{小物体} : v_x = a_x t = -\frac{5\sqrt{3}}{21}g \times \sqrt{\frac{7L}{2g}} = -5\sqrt{\frac{gL}{42}}$$

(9) 台と小物体の変位をそれぞれ X, x として

$$\text{台} \quad : X = \frac{1}{2}At^2 = \frac{1}{2} \times \frac{\sqrt{3}}{21}g \times \left(\sqrt{\frac{7L}{2g}}\right)^2 = \frac{\sqrt{3}}{12}L$$

$$\text{小物体} : x = \frac{1}{2}a_x t^2 = \frac{1}{2} \times \left(-\frac{5\sqrt{3}}{21}g\right) \times \left(\sqrt{\frac{7L}{2g}}\right)^2 = -\frac{5\sqrt{3}}{12}L$$

移動した距離は 　台：$\frac{\sqrt{3}}{12}L$ ， 小物体：$\frac{5\sqrt{3}}{12}L$

別解　台と小物体からなる物体系を考えると，水平方向にはたらく力は台と小物体の間にはたらく垂直抗力のみで，これは内力である。ゆえに，水平方向にはたらく力を考慮する必要はなく，**物体系の重心は初め静止しているので，その後も水平方向には動かない**。重心の位置座標の公式より

$$0 = \frac{5m|X| - m|x|}{5m + m}$$

また，図 4 より，台と小物体の水平方向の変位の和は，斜面の水平方向の長さに等しいので

$$L\cos30° = |X| + |x|$$

これを解いて

$$|X| = \frac{\sqrt{3}}{12}L \quad , \quad |x| = \frac{5\sqrt{3}}{12}L$$

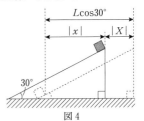

図 4

問題16 | 難易度：☺☺☺▢▢

問題 15 と同じ問題を異なる視点で考えてみよう。

図 1 のように，なめらかで水平な床に，傾き角 θ で長さ L のなめらかな斜面をもつ質量 M の台を置く。台が静止している状態で，斜面の上端に質量 m の小物体を置き，静かにはなす。重力加速度の大きさを g とする（問題 15 と同じである）。

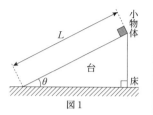
図 1

水平右向きを正として台の加速度を A，台と小物体の間にはたらく垂直抗力の大きさを N とする。また，台上の観測者から見た小物体の斜面に沿って下向きの加速度を b とする。

(1) 台上で見て，小物体の斜面に平行方向の運動方程式を作れ。

(2) 台上で見て，小物体にはたらく力の斜面に垂直方向に成り立つ式を作れ。

(3) 床から見た台の運動方程式を作り，A，b，N を求めよ。

(4) 床から見た小物体の加速度の水平成分 a_x，鉛直成分 a_y を求めよ。ただし，水平右向きおよび鉛直下向きをそれぞれ正とする。

(5) $M=5m$，$\theta=30°$ として，(3)，(4)の結果が問題 15 で求めたものと一致することを確かめよ。

設問別難易度：(1)～(3),(5) ☺☺☺▢▢　(4) ☺☺☺☺▢

Point 1 | 見る立場，慣性力 　≫ (1), (2)

問題 15 と同じ運動であるが，違う立場から考えてみる。加速度運動をする台上で観測すると，小物体には慣性力がはたらく。また台上で見ると，小物体は斜面に沿って等加速度直線運動をする。したがって，斜面に平行方向には運動方程式，斜面に垂直方向にはつり合いの式を，慣性力を含めて作ればよい。

Point 2 | 加速度の合成 　≫ (4)

台の加速度と台から見た小物体の加速度を合成する（和をとる）ことで，床に対する小物体の加速度を求めることができる。

解答 (1) 台上の観測者から見ると，図2のように，小物体には台の加速度と逆向きに大きさ mA の慣性力がはたらく。台から見ると小物体は斜面に平行方向に運動するので，この方向に力を分解して運動方程式を作る。斜面に平行下向きを正として

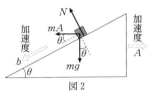

図2

$$mb = mg\sin\theta + mA\cos\theta \quad \cdots①$$

(2) 台上の観測者から見ると，斜面に垂直方向に小物体は動かないので，この方向には慣性力を含めて力がつり合っている。ゆえに，つり合いの式を作ればよい。

$$N + mA\sin\theta - mg\cos\theta = 0 \quad \cdots②$$

(3) 図3のように，台にはたらく力のうち，水平方向の成分をもつのは小物体からの垂直抗力 N のみである。ゆえに，水平方向の運動方程式は

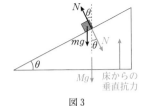

図3

$$MA = N\sin\theta \quad \cdots③$$

①～③式を解いて

$$A = \frac{mg\sin\theta\cos\theta}{M + m\sin^2\theta}$$

$$b = \frac{(M+m)g\sin\theta}{M + m\sin^2\theta}$$

$$N = \frac{mMg\cos\theta}{M + m\sin^2\theta}$$

(4) 台の加速度と台から見た小物体の加速度を成分ごとに合成して

$$a_x = A - b\cos\theta = -\frac{Mg\sin\theta\cos\theta}{M + m\sin^2\theta}$$

$$a_y = b\sin\theta = \frac{(M+m)g\sin^2\theta}{M + m\sin^2\theta}$$

(5) $M = 5m$，$\theta = 30°$ を代入すると

$$A = \frac{\sqrt{3}}{21}g \quad , \quad b = \frac{4}{7}g \quad , \quad N = \frac{10\sqrt{3}}{21}mg$$

$$a_x = -\frac{5\sqrt{3}}{21}g \quad , \quad a_y = \frac{2}{7}g$$

となり，**問題15** の結果と一致する。

図1のように，定滑車Pを天井からつり下げ，軽い糸の一端を天井に固定し，他端に質量 M のおもりAをつけ，Pと動滑車Qにかける。また，Qには質量 m のおもりBが軽い糸でつり下げられている。P，Qの質量は無視でき，なめらかに回るものとし，重力加速度の大きさを g とする。

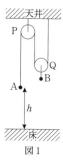
図1

糸を張った状態でAとBを持ち，静かにはなすと，Aは一定の加速度で落下した。Aの鉛直下向きの加速度を a_1，Bの鉛直上向きの加速度を a_2，Aにつながっている糸の張力の大きさを T とする。

(1) A，Bの運動方程式をそれぞれ作れ。

(2) おもりをはなしてから時間 t が経過したとき，A，Bそれぞれの初めの位置からの移動距離 s_1，s_2 を，a_1，a_2，t で表せ。

(3) s_1，s_2 の関係を考えて，a_1，a_2 の関係を式で表せ。

(4) a_1，a_2，T を，M，m，g でそれぞれ表せ。

ここで，$M=2m$ とする。Aをはなしたとき，床からの高さは h であった。

(5) Aが床に衝突するまでの時間を，g，h で表せ。

(6) Aが床に衝突する直前の，AとBの運動エネルギーの和を，m，g，h で表せ。

⸝設問別難易度：(1),(3)～(6) 😀😀😀☐☐　(2) 😀😀☐☐☐

Point | 動滑車の運動 ≫ (3), (4)

動滑車が移動すると，動滑車にかけられた糸が両側で移動することになる。本問のように，動滑車にかけられた糸の一端が固定されている場合，動滑車が距離 x だけ移動すると，糸の他端につけられたおもりは $2x$ だけ移動することになる。したがって，おもりの速度，加速度は動滑車の2倍になる。

解答 (1) **Bをつり下げている糸の張力の大きさは $2T$ である**（**注意**参照）。ゆえに

$$A: Ma_1 = Mg - T \quad \cdots① \quad, \quad B: ma_2 = 2T - mg \quad \cdots②$$

注意 QからBをつり下げる糸の張力を T_2 とする。Qにはたらく力は図2のようになる。Qの加速度はBと同じで a_2 だが，Qの質量は無視できるので，質量を0として運動方程式を作ると

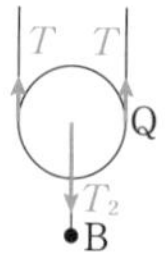

図2

$$0 \times a_2 = 2T - T_2 \quad \therefore \quad T_2 = 2T$$

となる。つまり，Bをつるす糸の張力の大きさは $2T$ である。

(2) A，Bともに等加速度運動を行い，初速度0であるので

$$s_1=\frac{1}{2}a_1t^2 \quad , \quad s_2=\frac{1}{2}a_2t^2$$

(3) 図3からわかるように，**Aが s_1 下がると，Pより右側の糸の長さが s_1 短くなる。それがBの上昇距離 s_2 の2倍になる**ので

$$s_1=2s_2$$

$$\frac{1}{2}a_1t^2=2\times\frac{1}{2}a_2t^2$$

$$\therefore \quad a_1=2a_2 \quad \cdots ③$$

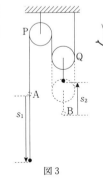

図3

(4) ①〜③式を解いて

$$a_1=\frac{2(2M-m)}{4M+m}g \quad , \quad a_2=\frac{2M-m}{4M+m}g$$

$$T=\frac{3mM}{4M+m}g$$

(5) $M=2m$ を代入して，a_1 を求めると

$$a_1=\frac{2}{3}g$$

床に衝突するまでの時間を t_1 として

$$h=\frac{1}{2}a_1t_1{}^2 \quad \therefore \quad t_1=\sqrt{\frac{2h}{a_1}}=\sqrt{\frac{3h}{g}}$$

(6) 衝突直前のA，Bの速さをそれぞれ v_1，v_2 とする。$a_1=2a_2$ も用いて

$$v_1=a_1t_1=\frac{2}{3}g\times\sqrt{\frac{3h}{g}}=2\sqrt{\frac{gh}{3}} \quad , \quad v_2=a_2t_1=\frac{a_1t_1}{2}=\frac{v_1}{2}=\sqrt{\frac{gh}{3}}$$

AとBの運動エネルギーの和は

$$\frac{1}{2}\times 2mv_1{}^2+\frac{1}{2}mv_2{}^2=m\times\left(2\sqrt{\frac{gh}{3}}\right)^2+\frac{1}{2}m\times\left(\sqrt{\frac{gh}{3}}\right)^2=\frac{3}{2}mgh$$

別解　Aが距離 h だけ下がり，Bは $\dfrac{h}{2}$ 上がる。**A，B全体の力学的エネルギーは保存する**。A，Bのそれぞれの初めの位置の高さを位置エネルギーの基準として，Aが床に衝突する直前のA，Bの運動エネルギー（の増加量）の和を K とする。力学的エネルギー保存則より

$$0=K-2mgh+mg\times\frac{h}{2} \quad \therefore \quad K=\frac{3}{2}mgh$$

次の文を読んで，[　　　]に適した式をそれぞれ最も簡単な形で記せ。なお，【　　　】は，すでに[　　　]で与えられたものと同じものを表す。

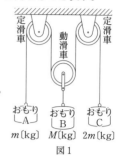
図1

　2種類のおもりA，Cが質量を無視できる軽いロープでつながれている。このロープを図1に示す2個の定滑車と1個の動滑車に通し，動滑車にはおもりBをつり下げた。3個の滑車は同一の鉛直平面内に配置され，動滑車はこの平面内を鉛直方向にのみ移動する。

　動滑車とおもりA，Cをつり下げている部分のロープは十分に長く，鉛直とする。また，滑車はなめらかに回転し質量は無視でき，ロープは伸び縮みせず，たるむこともない。おもりA，B，Cの質量はそれぞれ m〔kg〕，M〔kg〕，$2m$〔kg〕であり，重力加速度を g〔m/s²〕とする。

(1) 最初，3個のおもりを動かないように手で支えておいた状態から，ある瞬間に手をはなすと，おもりは動き出した。このとき，3個のおもりA，B，Cに生じる加速度を鉛直上向きを正としてそれぞれ a_A〔m/s²〕，a_B〔m/s²〕，a_C〔m/s²〕で，また，おもりAをつるしているロープの張力を T〔N〕で表す。おもりの運動中，ロープの張力は一定とすると，おもりA，B，Cの動きを表す運動方程式は m, M, g, T, a_A, a_B, a_C を用いて，おもりA：[　イ　]，おもりB：[　ロ　]，おもりC：[　ハ　]で表される。

　各おもりが動き出してから微小な時間 t_0〔s〕経過後の各おもりの変位は，鉛直上向きを正とし，a_A, a_B, a_C, t_0 を用いて表すと，おもりA：[　ニ　]〔m〕，おもりB：[　ホ　]〔m〕，おもりC：[　ヘ　]〔m〕となる。

　おもりA，Cが1本のロープでつながれているため，3個のおもりの変位は互いに制約されるという条件と，【　ニ　】～【　ヘ　】から，a_A, a_B, a_C が満たすべき関係式は，[　ト　]で表される。

　【　イ　】～【　ハ　】と【　ト　】の式より，a_A, a_B, a_C, T を m, M, g で表すと

$$a_A=[　チ　]〔m/s^2〕, \quad a_B=[　リ　]〔m/s^2〕, \quad a_C=[　ヌ　]〔m/s^2〕,$$
$$T=[　ル　]〔N〕$$

となる。

(2) おもりA，B，Cは，それぞれの質量の大小関係により，上向きか下向きに運動するが，(1)の議論に基づくと，おもりBが静止したまま，おもりA，Cのみ運動する場合があり得る。このとき，おもりBの質量 M〔kg〕が満

たすべき条件をおもり A の質量 m〔kg〕を用いて表すと,〔　ヲ　〕となる。

　また,この条件のもと,おもり A, C が動き出してから時間 t_1〔s〕経過後までのおもり A, C の変位は,鉛直上向きを正として g, t_1 で表すと,おもり A:〔　ワ　〕〔m〕,おもり C:〔　カ　〕〔m〕となる。

∴設問別難易度:イ〜ヘ ☺☺▢▢▢　ト〜ル ☒☒☒▢　ヲ〜カ ☺☺▢▢▢

Point 1 ｜ 運動方程式 　》 イ〜ハ,ヲ

　一見,複雑そうに見えるが,各おもりにはたらく力は重力と張力だけである。基本どおりに運動方程式を作ればよい。また,動滑車の質量は無視できるので,B と一体として考えると解きやすい。

Point 2 ｜ 動滑車の運動 　》 ト

　問題 17 と異なり,動滑車にかけられたロープの両端におもりがつるされている。しかし,動滑車が動いた距離の 2 倍がロープの両端の変位の和になることは同じである。

Point 3 ｜ 敗者復活と解答の確認 　》 ヲ〜カ

　(2)のヲは,(1)の結果で $a_B = 0$ とすれば容易に答えられるのだが,もし(1)ができなくても解くことは可能である。逆に,(1)の結果を用いて解いた結果と,(2)をあらためて解いた結果が一致しなければ,どこかが間違っているという確認ができる。入試では,解けたと思う問題の確認をすることも大切である。

解答　イ〜ハ. 動滑車の質量は無視できるので,**B と動滑車を一体と考える**。おもり A, B（と動滑車）,C にはたらく力は図 2 のようになる。これより上向きを正として運動方程式を作る。

$$ma_A = T - mg \quad \cdots ①$$
$$Ma_B = 2T - Mg \quad \cdots ②$$
$$2ma_C = T - 2mg \quad \cdots ③$$

ニ〜ヘ. おもりはそれぞれ等加速度運動をする。それぞれの変位を x_A, x_B, x_C として

$$x_A = \frac{1}{2}a_A t_0^2 \text{〔m〕} \quad , \quad x_B = \frac{1}{2}a_B t_0^2 \text{〔m〕} \quad , \quad x_C = \frac{1}{2}a_C t_0^2 \text{〔m〕}$$

ト. **ロープの長さは一定である**。ゆえに

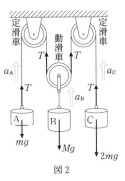

図 2

$x_A + 2x_B + x_C = 0$　（$x_A \sim x_C$ のいずれか1つ，または2つが負になる）

$x_A \sim x_C$ にニ〜ヘを代入して

$$\frac{1}{2}a_A t_0{}^2 + 2 \times \frac{1}{2}a_B t_0{}^2 + \frac{1}{2}a_C t_0{}^2 = 0$$

$\therefore\ a_A + 2a_B + a_C = 0$　…④

チ〜ル．①〜④式を解いて

$$a_A = \frac{5M - 8m}{3M + 8m}g\,[\mathrm{m/s^2}]\quad,\quad a_B = \frac{8m - 3M}{3M + 8m}g\,[\mathrm{m/s^2}]$$

$$a_C = \frac{M - 8m}{3M + 8m}g\,[\mathrm{m/s^2}]\quad,\quad T = \frac{8mM}{3M + 8m}g\,[\mathrm{N}]$$

ヲ．Bの加速度が0であればよいので

$$a_B = \frac{8m - 3M}{3M + 8m}g = 0$$

$\therefore\ M = \dfrac{8}{3}m$　…⑤

ワ・カ．⑤式の条件で a_A, a_C を求めると

$$a_A = \frac{g}{3}\quad,\quad a_C = -\frac{g}{3}$$

ゆえに，移動距離は

$$\mathrm{A}:\frac{1}{2}a_A t_1{}^2 = \frac{g}{6}t_1{}^2\quad,\quad \mathrm{C}:\frac{1}{2}a_C t_1{}^2 = -\frac{g}{6}t_1{}^2$$

別解　Bが動かないので，AとCは同じ大きさの加速度の運動をする。また，Aの質量<Cの質量であることから，Aは上がり，Cは下がる。

加速度の大きさを a として，A，Cの運動方程式を作る。

$$\mathrm{A}:ma = T - mg\quad,\quad \mathrm{C}:2ma = 2mg - T$$

これを解くと $a = \dfrac{g}{3}$ となる。これより正負も考慮してワ，カを求める。

また，①式より $T = \dfrac{4}{3}mg$ となるので，B（と動滑車）にはたらく力のつり合いより

$$2T - Mg = 0\quad \therefore\ M = \frac{2T}{g} = \frac{8}{3}m$$

と，ヲを求めることができる。

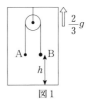

図1のように，鉛直上向きに大きさ $\dfrac{2}{3}g$ の一定の加速度で運動しているエレベーターの天井につるされた定滑車がある。軽くて伸び縮みしない糸の両端に，それぞれ質量 m，$2m$ の小球 A，B をつけて，定滑車にかける。糸が張って静止した状態から，B をエレベーターの床から高さ h の位置

図1

で静かにはなすと，A と B は糸が張った状態で運動した。重力加速度の大きさを g とし，糸は十分に長く，小球が滑車に衝突することはないものとする。

(1) 鉛直上向きを正として，地上の観測者から見たときの A，B の加速度をそれぞれ a_1，a_2，また糸の張力の大きさを T とする。A，B の運動方程式を作れ。

(2) エレベーター内の A，B の相対加速度を考えて，a_1，a_2 の関係式を作れ。また，a_1，a_2，T を求めよ。

(3) エレベーター内の観測者から見た B の加速度の大きさ b と向きを求めよ。

(4) この運動の，エレベーター内の観測者から見た場合の A，B の運動方程式を，m，g，T，b を用いて作れ。また，b の大きさを求め，(3)の結果と一致することを確認せよ。

B がエレベーターの床と完全非弾性衝突をした後，糸はたるんだ。

(5) B をはなしてから B がエレベーターの床に衝突するまでの時間と，エレベーター内の観測者から見た衝突直前の B の速さを求めよ。

(6) エレベーター内の観測者から見て，B が床に衝突した後，A はさらにどれだけ上昇するか求めよ。ただし，エレベーターの速度と加速度は衝突の前後で変化しないものとする。

⟡ 設問別難易度：(1)〜(6) ☺☺☺☐☐

Point　**相対加速度**　≫ (2)〜(7)

　滑車にかけられた A と B の加速度は，地上の観測者から見ると関係がわかりにくい。しかし，エレベーター内の観測者から見ると，上下逆向きに同じ大きさの加速度で運動する。つまり，相対加速度は同じ大きさで正負が逆になる。また，エレベーター内の観測者から見た立場で解くときは，慣性力がはたらくことに注意すること。

解答 (1) AとBにはたらく力は図2のようになる。地上
から見てAの加速度は上向きであることは明らか
だが，Bはわからない。そこで，A，Bとも上向き
を正として運動方程式を作る。**地上から見ているの
で，エレベーターの動きは関係ない。**

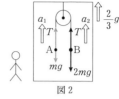

図2

$$A : ma_1 = T - mg \quad \cdots ①$$
$$B : 2ma_2 = T - 2mg \quad \cdots ②$$

(2) AとBは糸でつながっているので，**エレベーター内の観測者から見ると，
相対加速度は同じ大きさで，Aは上向きに，Bは下向きに運動している。**A,
Bの相対加速度をそれぞれ b_1, b_2 とすると

$$A : b_1 = a_1 - \frac{2}{3}g \qquad B : b_2 = a_2 - \frac{2}{3}g$$

である。これらが同じ大きさで逆向きなので

$$b_1 = -b_2$$
$$a_1 - \frac{2}{3}g = -\left(a_2 - \frac{2}{3}g\right) \qquad \therefore \quad a_1 + a_2 = \frac{4}{3}g \quad \cdots ③$$

①～③式を解いて

$$a_1 = \frac{11}{9}g \quad , \quad a_2 = \frac{g}{9} \quad , \quad T = \frac{20}{9}mg$$

(3) Bの相対加速度 b_2 を求めると

$$b_2 = a_2 - \frac{2}{3}g = \frac{g}{9} - \frac{2}{3}g = -\frac{5}{9}g$$

$b_2 < 0$ なので加速度は鉛直下向きで，大きさ b は

$$b = |b_2| = \frac{5}{9}g$$

（Aの相対加速度を求めると，同じ大きさで鉛直上向き＝正になる。）

(4) エレベーター内で観測すると，図3のように，A,
Bにはそれぞれ大きさ $\frac{2}{3}mg$, $\frac{4}{3}mg$ の慣性力が鉛
直下向きにはたらく。**エレベーターに対して，A
は鉛直上向きに，Bは鉛直下向きに大きさ b の加
速度をもつので，それぞれの加速度の方向に運動方
程式を作る。**

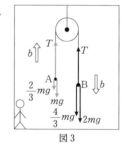

図3

$$A : mb = T - mg - \frac{2}{3}mg \quad \cdots ④$$

$$B : 2mb = 2mg + \frac{4}{3}mg - T \quad \cdots ⑤$$

④，⑤式を解いて

$$b = \frac{5}{9}g$$

となり，(3)の結果と一致する（a_1，a_2，T も計算して，(2)の結果と一致することを確認しよう）。

(5) エレベーター内で観測すると，B は大きさ b の加速度で距離 h だけ落下して床と衝突する。衝突までの時間を t とすると

$$h = \frac{1}{2}bt^2 = \frac{1}{2} \times \frac{5}{9}g \times t^2 \qquad \therefore \quad t = 3\sqrt{\frac{2h}{5g}}$$

エレベーターに対する相対速度の大きさを v_1 とすると

$$v_1 = bt = \frac{5}{9}g \times 3\sqrt{\frac{2h}{5g}} = \frac{\sqrt{10gh}}{3}$$

(6) 衝突後，糸がたるみ，A には糸からの力がなくなるので，地上から見た A の加速度は鉛直下向きに g である。エレベーターから見た A の相対加速度を b' とすると，鉛直上向きを正として

$$b' = -g - \frac{2}{3}g = -\frac{5}{3}g$$

A の初速度は v_1 なので，A が上昇する距離を H とすると

$$0 - v_1{}^2 = 2b'H \qquad \therefore \quad H = -\frac{v_1{}^2}{2b'} = \frac{h}{3}$$

仕事とエネルギー

問題20 難易度：😊😊😊◯◯

図1のように，速さ v_0 で台を進んできた質量 m の小物体が，質量 M で台と同じ高さの水平な上面をもつ台車に乗った。台車は水平な床上を動き出し，やがて小物体は台車に対して静止した。小物体と台車の上面の間の動摩擦係数を μ'，重力加速度の大きさを g とする。図の右向きを正とする。

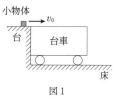

図1

(1) 小物体が台車の上面をすべっている間の，小物体と台車の加速度をそれぞれ求めよ。

(2) 小物体が台車の上面をすべり始めてから静止するまでの時間と，小物体が台車の上面で進んだ距離 l を求めよ。

(3) 小物体が台車上で静止したときの台車の速度を求めよ。

(4) 小物体が台車の上面をすべり始めてから静止するまでの間に，小物体と台車で失われた運動エネルギーの合計を求めよ。

(5) 小物体が台車の上面をすべり始めてから静止するまでの間に，台車が床に対して進んだ距離を L とする。動摩擦力が小物体と台車にした仕事をそれぞれ L，l を用いて表せ。

(6) (4)で求めた失われた運動エネルギーを，m，μ'，g，l で表せ。

⋛設問別難易度：(1) 😊😊◯◯◯　(2)〜(6) 😊😊😊◯◯

Point **仕事** ≫ (5)

物体にはたらく大きさ F の力がする仕事 W は，物体の変位が S，力と変位のなす角が θ のとき，$W = FS\cos\theta$ である。この公式を正確に使えるかが本問では問われている。変位 S は相対的な変位ではないことに注意すること。また，動摩擦力のした仕事は，台車には正，小物体には負で，物体系全体では仕事は負となり，全体の力学的エネルギーが減少することを理解しよう。

解答 (1) 台車から見て小物体は右向きに進むので（小物体の速度を v，台車の速度を V とすると，$v > V$ である），図2のように**大きさ $\mu'mg$ の動摩擦力が小物体には左向きに，台車には右向きにはたらく。**小物体と台車の加速度をそれぞれ a_A，a_B とし，運動方程式を作る。

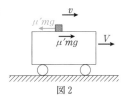
図2

$$\text{小物体：} ma_A = -\mu'mg \qquad \therefore \quad a_A = -\mu'g$$

$$\text{台車　：} Ma_B = \mu'mg \qquad \therefore \quad a_B = \frac{\mu'mg}{M}$$

(2) **台車から見た小物体の相対加速度を α として**

$$\alpha = a_A - a_B = -\mu'g - \frac{\mu'mg}{M} = -\frac{M+m}{M}\mu'g$$

台車から見て，小物体の速度は v_0 から 0 になるので，静止するまでの時間を t_1 として

$$0 = v_0 + \alpha t_1 \qquad \therefore \quad t_1 = -\frac{v_0}{\alpha} = \frac{Mv_0}{(M+m)\mu'g}$$

また，小物体が台車の上面で進んだ距離 l は

$$0^2 - v_0{}^2 = 2\alpha l \qquad \therefore \quad l = -\frac{v_0{}^2}{2\alpha} = \frac{Mv_0{}^2}{2(M+m)\mu'g} \quad \cdots\text{①}$$

(3) このときの台車の速度を V_1 として

$$V_1 = a_B t_1 = \frac{\mu'mg}{M} \times \frac{Mv_0}{(M+m)\mu'g} = \frac{mv_0}{M+m}$$

別解　台車と小物体からなる体系に運動量保存則が成り立つ。ゆえに

$$mv_0 = (M+m)V_1 \qquad \therefore \quad V_1 = \frac{mv_0}{M+m}$$

(4) 小物体と台車の全体の運動エネルギーの変化量を ΔK とする。

$$\Delta K = \frac{1}{2}(M+m)V_1{}^2 - \frac{1}{2}mv_0{}^2 = -\frac{mMv_0{}^2}{2(M+m)}$$

ゆえに，失われたエネルギーは $\quad |\Delta K| = \dfrac{mMv_0{}^2}{2(M+m)} \quad \cdots\text{②}$

(5) この問，**小物体が床に対して進んだ距離は右向きに $L+l$ であるので**，動摩擦力が小物体にした仕事を W_A として

$$W_A = -\mu'mg(L+l)$$

また，台車の進んだ距離は L なので，動摩擦力が台車にした仕事を W_B として

$$W_B = \mu'mgL$$

(6) ①，②式より
$$|\Delta K| = \mu' mgl$$

別解　動摩擦力が小物体と台車にした仕事の和を W として，**(5)**の結果より
$$W = W_A + W_B = -\mu' mg(L+l) + \mu' mgL = -\mu' mgl$$

$W < 0$ なので，全体の運動エネルギーが減少する。減少量は
$$|\Delta K| = |W| = \mu' mgl$$

（物体系全体に動摩擦力がする仕事は負で

　　　仕事＝－（動摩擦力の大きさ）×（台に対する小物体の移動距離）

となる。**これが物体系全体の運動エネルギーの変化量**に等しい。**）**

問題21 　難易度：☺☺☺☐☐

　図1のように，水平な面上で一端（左端）を壁に固定したばね定数 k の軽いばねが水平に置かれている。質量 m の小物体をばねのもう一端（右端）に接するように置く。図1はばね

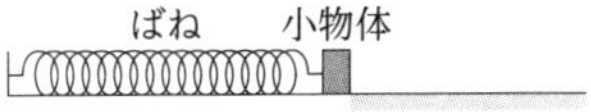

ばね　　小物体
なめらかな面　　あらい面
図1

が自然の長さの状態を示す。このとき，小物体から左側はなめらかな面で，右側はあらい面である。小物体とあらい面の間の動摩擦係数を μ' とする。

I．小物体をばねに押しつけて，ばねを自然の長さから d だけ縮め静かにはなすと，ばねが自然の長さに戻ったときに小物体はばねから離れ，あらい面上を進んで静止した。重力加速度の大きさを g とする。

(1)　小物体がばねから離れたときの速さを求めよ。

(2)　小物体がばねから離れてから静止するまでに進んだ距離を求めよ。

II．次に，ばねと小物体がつながれている場合を考える。小物体を押して，ばねを自然の長さから d だけ縮めて静かにはなすと，小物体はばねとつながった状態であらい面上を進んだ。小物体が初めに静止するまでを考える。

(3)　ばねが自然の長さから x だけ伸びた位置を小物体が通過するときの，小物体の加速度 a と速度 v を求めよ。ただし，水平右向きを正とする。

(4)　小物体があらい面上で初めて静止するまでに進んだ距離を x_0 とする。あらい面上を小物体が進む間に，動摩擦力とばねの弾性力が小物体にした仕事をそれぞれ求めよ。

(5)　x_0 を求めよ。

設問別難易度：(1), (2)☺☺☐☐☐　(3), (4)☺☺☺☐☐　(5)☹☹☹☹☐

Point　非保存力が仕事をする場合　≫　(2), (3), (5)

　物体に対して非保存力が仕事をするとき，力学的エネルギー保存則は成り立たず

力学的エネルギーの変化量＝非保存力が物体にする仕事

の関係がある。

　もし，保存力と非保存力の区別が理解しにくい場合は，力を区別せず，また運動エネルギーの変化だけに着目して

運動エネルギーの変化量＝全ての力が物体にする仕事

を用いて解いてもよい。なお，本問のIIの状況であらい面をすべっているとき，加速度は一定ではないので，等加速度直線運動の公式は使えないことに注意しよう。

解答 (1) ばねから離れたときの小物体の速さを v_0 とする。**力学的エネルギー保存則**より

$$\frac{1}{2}kd^2 = \frac{1}{2}mv_0{}^2 \qquad \therefore \quad v_0 = d\sqrt{\frac{k}{m}}$$

(2) ばねを離れてから静止するまでに小物体が進んだ距離を L とする。小物体には速度と逆向きに大きさ $\mu'mg$ の動摩擦力がはたらく。**動摩擦力が小物体にした仕事は $-\mu'mgL$** であるので，v_0 も代入して

$$0 - \frac{1}{2}mv_0{}^2 = -\mu'mgL \qquad \therefore \quad L = \frac{v_0{}^2}{2\mu'g} = \frac{kd^2}{2\mu'mg}$$

(3) ばねが自然の長さから x だけ伸びた位置を小物体が通過するとき，図 2 のように，小物体には大きさ kx の弾性力と，大きさ $\mu'mg$ の動摩擦力がいずれも負の向きにはたらく。運動方程式より

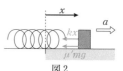

図 2

$$ma = -kx - \mu'mg$$

$$\therefore \quad a = -\left(\frac{kx}{m} + \mu'g\right)$$

ばねが自然の長さから x だけ伸びるまで，動摩擦力がした仕事は $-\mu'mgx$ である。**力学的エネルギーの変化量が非保存力（動摩擦力）の仕事**なので

$$\left(\frac{1}{2}mv^2 + \frac{1}{2}kx^2\right) - \frac{1}{2}mv_0{}^2 = -\mu'mgx$$

v_0 を代入して，v について解く。ただし，$v > 0$ であるので

$$v = \sqrt{\frac{k(d^2 - x^2)}{m} - 2\mu'gx}$$

(4) 動摩擦力は $-\mu'mg$ で一定なので，動摩擦力がした仕事を W_1 として

$$W_1 = -\mu'mgx_0$$

弾性力がした仕事を W_2 として，**W_2 は弾性力の位置エネルギーの減少分**であるので

$$W_2 = -\left(\frac{1}{2}kx_0{}^2 - 0\right) = -\frac{1}{2}kx_0{}^2$$

(5) **力学的エネルギーの変化量が，非保存力の仕事**なので

$$\left(0 + \frac{1}{2}kx_0{}^2\right) - \left(\frac{1}{2}mv_0{}^2 + 0\right) = -\mu'mgx_0$$

v_0 を代入して整理し，$x_0 > 0$ に注意して解の公式を用いて解くと

$$\frac{1}{2}kx_0{}^2 + \mu'mgx_0 - \frac{1}{2}kd^2 = 0$$

$$x_0{}^2 + \frac{2\mu'mg}{k}x_0 - d^2 = 0$$

$$\therefore \quad x_0 = -\frac{\mu' mg}{k} + \sqrt{\left(\frac{\mu' mg}{k}\right)^2 + d^2}$$

別解 1　小物体がされた仕事の分だけ，運動エネルギーが変化するので

$$0 - \frac{1}{2}mv_0{}^2 = W_1 + W_2 = -\mu' mgx_0 - \frac{1}{2}kx_0{}^2$$

となる。これを解く。

別解 2　(3)で $v = 0$，$x = x_0$ として解く。

図1のように，傾き角 θ のなめらかな斜面上に，下端を固定したばね定数 k の軽いばねが置かれている。ばねの上端には質量 m の薄い板 A が，面が斜面に垂直になるようにつけられている。A の上に質量 $2m$ の小物体 B をのせ，B に手で斜面に平行下向きの力を加えて押し，ばねを自然の長さから L だけ縮めて静止させた。重力加速度の大きさを g とする。

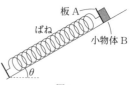
図1

(1) 手が B を押す力の大きさを求めよ。

手を静かにはなすと，A と B は斜面に沿って動き始め，やがて B は A から離れた。手をはなしたときの A の位置を原点 O として斜面に平行上向きに x 軸をとる。

(2) B が離れる前，A が位置 x を通過するとき，A と B の間にはたらく力の大きさ f を求めよ。また B がはなれるまでの間について横軸に x をとり，f をグラフで表せ。

(3) B が A から離れたときの A，B の速さを求めよ。

(4) 手をはなしてから，B が A から離れるまでに，A から B にはたらく力が B にする仕事を求めよ。

(5) B が離れた後，すぐに B を斜面から取り除く。その後，ばねが最も縮んだときの A の位置 x を求めよ。

📝 設問別難易度：(1) 🙂🙂◻◻◻ (2),(3) 🙂🙂🙂◻◻ (4),(5) 🙂🙂🙂🙂◻

Point 1 ┆ 物体系の力学的エネルギー保存則 ≫ (3)

本問で A，B とばねからなる物体系を考えると，物体系に仕事をしているのは保存力（重力と弾性力）だけである。ばねの下端を支える力と，斜面から A，B への垂直抗力もはたらくが，これらは仕事をしない。ゆえに，物体系全体に対して，力学的エネルギー保存則が成り立つ。しかし，A とばねだけ，または B だけに注目すると，非保存力として A と B の間の力（垂直抗力）が仕事をするので，個別の物体に対しては力学的エネルギー保存則は成り立たない。

Point 2 ┆ 大きさが一定でない力の仕事の求め方 ≫ (4)

大きさが一定でない力の仕事は，以下の方法で求めればよい。

- F-x グラフの面積を求める。正負は力と変位の向きから考える。
- 物体の運動エネルギーや位置エネルギーがわかっている場合は

力学的エネルギーの変化量＝非保存力がした仕事

解答 **(1)** B を押す力の大きさを F とする。A，B を一体と考えて，斜面に平行な方向の力のつり合いより

$$kL-(m+2m)g\sin\theta-F=0 \quad \therefore \quad F=kL-3mg\sin\theta$$

(2) A と B の間にはたらく力＝垂直抗力である。ばねの自然の長さからの縮みは $L-x$ なので，A と B にはたらく力は図 2 のようになる。A と B の加速度を a とし，A と B の運動方程式より

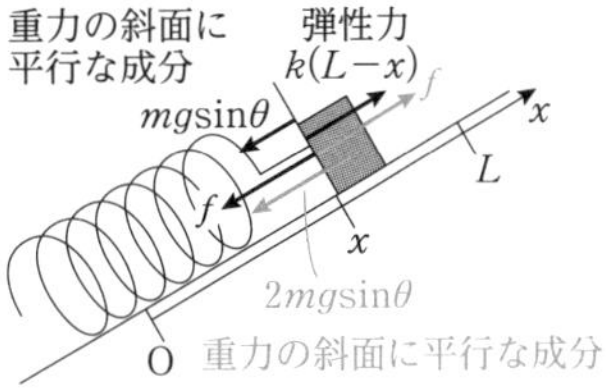

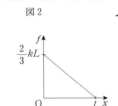

重力の斜面に平行成分　弾性力 $k(L-x)$
$mg\sin\theta$
x
L
x
$2mg\sin\theta$
O　重力の斜面に平行な成分
図 2

$$A：ma=k(L-x)-mg\sin\theta-f$$
$$B：2ma=f-2mg\sin\theta$$

この 2 式を解いて

$$f=\frac{2}{3}k(L-x) \quad \cdots ①$$

また，①式をグラフにすると，図 3 となる。

f
$\frac{2}{3}kL$
O　L　x
図 3

(3) $f=0$ のとき，B が A から離れる。①式より

$$\frac{2}{3}k(L-x)=0 \quad \therefore \quad x=L \quad （ばねが自然の長さのときである。）$$

このときの速さを v_0 として，**A，B 全体での力学的エネルギー保存則**より

$$\frac{1}{2}kL^2=\frac{3}{2}mv_0^2+3mgL\sin\theta \quad \therefore \quad v_0=\sqrt{\frac{kL^2}{3m}-2gL\sin\theta}$$

(4) A から B にはたらく力が B にする仕事を W とする。これは非保存力の仕事なので，**B の力学的エネルギーの変化が W となる。**

$$W=\left(\frac{1}{2}\cdot 2mv_0^2+2mgL\sin\theta\right)-0$$

(3)で求めた v_0 を代入して

$$W=\frac{1}{3}kL^2-2mgL\sin\theta+2mgL\sin\theta=\frac{1}{3}kL^2$$

別解 **(2)のグラフの，** $x=0$ から $x=L$ までの**面積が仕事の大きさ**である。また，**力の向きと B の変位が同じ向きなので，B にする仕事は正**で

$$W=\frac{1}{2}\times\frac{2}{3}kL\times L=\frac{1}{3}kL^2$$

(5) A の速度が 0 となる位置を x とする。位置 x でばねの自然の長さからの変位は $L-x$ である。ただし，縮んでいるときは正，伸びているときは負である。**A とばねに対する力学的エネルギー保存則**より

$$\frac{1}{2}mv_0^2+mgL\sin\theta=\frac{1}{2}k(L-x)^2+mgx\sin\theta$$

v_0 を代入し，式を整理して

$$x^2-2\left(L-\frac{mg\sin\theta}{k}\right)x+\frac{2L^2}{3}=0$$

$$\therefore\quad x=\left(L-\frac{mg\sin\theta}{k}\right)\pm\sqrt{\left(L-\frac{mg\sin\theta}{k}\right)^2-\frac{2L^2}{3}}$$

$$=\left(L-\frac{mg\sin\theta}{k}\right)\pm\sqrt{\frac{L^2}{3}-\frac{2mgL\sin\theta}{k}+\left(\frac{mg\sin\theta}{k}\right)^2}$$

これは，ばねが最も伸びた位置と縮んだ位置を示す。ばねが最も縮んだ位置
は

$$x=\left(L-\frac{mg\sin\theta}{k}\right)-\sqrt{\frac{L^2}{3}-\frac{2mgL\sin\theta}{k}+\left(\frac{mg\sin\theta}{k}\right)^2}$$

問題23 難易度：🐾🐾🐾🐾◻️

図1のように，水平面上を一定の大きさの加速度 α で右向きに運動している台車がある。台車の上面のAからBまではOを中心とする半径 R の円筒の $\dfrac{1}{4}$ の断面で，OAは水平，OBは鉛直である。BからCは長さ L

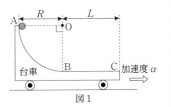

図1

の水平な面で，Bで円筒面となめらかに接続されている。これらの面は全てなめらかである。小球をAに置いて静かにはなすと，小球は台車の上面をすべり，Bを通過してCから飛び出した。重力加速度の大きさを g とする。

(1) 小球がBを通過するときの台車に対する速さを求めよ。

(2) 小球がCを飛び出すときの台車に対する速さを求めよ。

(3) 小球がCに達するための α の条件を求めよ。

(4) 小球がAからBまですべるとき，台車に対する速さが最も速くなる点をDとする。線分ODが鉛直となす角を θ_0 とするとき，$\tan\theta_0$ を求めよ。

(5) 小球がDを通過するときの台車に対する速さを求めよ。

設問別難易度：(1), (4) 🐾🐾😖◻️◻️　　(2), (3), (5) 🐾🐾🐾🐾◻️

Point 1 　非慣性系での仕事　≫ (1), (2)

　非慣性系での仕事は，加速度運動をする観測者から見て物体にはたらく力と，物体の変位から求めればよい。このとき，観測者から見た力には慣性力も含まれ，普通の力と同様に仕事を求めることができる。また

物体の運動エネルギーの変化＝仕事（慣性力がする仕事も含む）

も成り立つと考えてよい。

Point 2 　見かけの重力　≫ (4), (5)

　観測者の加速度の大きさと向きが一定のとき，慣性力の大きさと向きも一定である。観測者から見ると，物体の運動にかかわらず，物体には慣性力と重力が常にはたらき，これらの合力の大きさと向きは一定となる。そこで，合力の向きが観測者にとって"下向き"になると考えるとよい。（本問では，合力は左下向きであるから，左下を観測者（台車）にとっての下と考える，ということである。）この合力を見かけの重力と呼ぶことにする。質量 m の物体にはたらく合力の大きさが F のとき

$$F = mg'$$

とし，g' を見かけの重力加速度と呼ぶことにする。観測者から見ると，g' を静止系

（慣性系）の重力加速度 g の代わりに用いて，（見かけの）重力による位置エネルギーの考え方や，力学的エネルギー保存則をそのまま使うことができる。

解答　(1)　小球の質量を m とする。台車上の観測者から見ると，図2のように，小球には重力，面からの垂直抗力と，水平左向きに大きさ $m\alpha$ の慣性力がはたらく。AからBまで移動する間，**小球がされる仕事を台車上の観測者から見た立場で考える**。重力がする仕事は

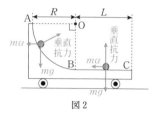

図2

mgR である。垂直抗力は小球の速度の向きに対して常に垂直にはたらくので，仕事をしないと考える。また，小球は慣性力と逆向きに R だけ移動するので，**慣性力は $-m\alpha R$ の仕事をする**と考える。Bを通過するときの台車から見た小球の速さを v_B とすると，運動エネルギーと仕事の関係より

$$\frac{1}{2}mv_B{}^2-0=mgR-m\alpha R \qquad \therefore\ v_B=\sqrt{2R(g-\alpha)}$$

(2)　(1)と同様に考えればよい。小球がBからCまで移動する間に，**慣性力のみが $-m\alpha L$ の仕事をする**。Cを飛び出すときの台車から見た小球の速さを v_C とすると，運動エネルギーと仕事の関係より

$$\frac{1}{2}mv_C{}^2-\frac{1}{2}mv_B{}^2=-m\alpha L$$

$$\therefore\ v_C=\sqrt{v_B{}^2-2\alpha L}=\sqrt{2\{gR-\alpha(R+L)\}} \quad \cdots①$$

別解　台車上の観測者から見ると，BC間では左向きで大きさ $m\alpha$ の慣性力が小球にはたらくので，運動方程式より，台車に対する小球の相対加速度は左向きに大きさ α である。等加速度直線運動の公式より

$$v_C{}^2-v_B{}^2=-2\alpha L \qquad \therefore\ v_C=\sqrt{v_B{}^2-2\alpha L}=\sqrt{2\{gR-\alpha(R+L)\}}$$

(3)　①式の v_C が存在すればよいので，根号の中が0以上であればよい。ゆえに

$$gR-\alpha(R+L)\geqq 0$$

$$\therefore\ \alpha\leqq\frac{R}{R+L}g$$

(4)　台車上の観測者から見ると，小球にはたらく重力と慣性力は大きさと向きが一定で，これらの合力は図3のようになる。台車上の観測者から見ると，小球には必ずこの合力がはたらくので，**合力の向きが台車上での見かけの下向き**（通常の静止した観測者から見る鉛直下向き）になると考

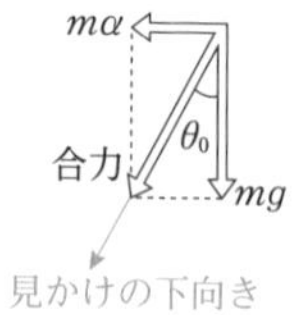

見かけの下向き

図3

えることができる。この合力を「見かけの重力」ということにする。小球が最も速くなる点は，見かけの重力を基準に考えた場合の最下点であるので，D は O から合力の向きに引いた直線が円筒面と交わるところである。合力が鉛直となす角が θ_0 であるので

$$\tan\theta_0 = \frac{m\alpha}{mg} = \frac{\alpha}{g} \quad \cdots \textcircled{2}$$

(5) A から D までの鉛直距離は $R\cos\theta_0$，水平距離は $R(1-\sin\theta_0)$ である。D での小球の速さを v_D とし，(1), (2)と同様に**重力と慣性力がする仕事を考えて**

$$\frac{1}{2}mv_D{}^2 - 0 = mgR\cos\theta_0 - m\alpha R(1-\sin\theta_0)$$

$$\therefore \quad v_D = \sqrt{2R\{g\cos\theta_0 - \alpha(1-\sin\theta_0)\}}$$

ここで，②式より

$$\sin\theta_0 = \frac{\alpha}{\sqrt{g^2+\alpha^2}} \quad , \quad \cos\theta_0 = \frac{g}{\sqrt{g^2+\alpha^2}}$$

これを代入して整理して

$$v_D = \sqrt{2R(\sqrt{g^2+\alpha^2}-\alpha)}$$

(参考) 見かけの重力の向きを下向きと考えると，台車から見た小球は，図4のように角 θ_0 だけ傾いて静止した台車上での運動をすると考えられる。ただし**見かけの重力加速度** $g' = \sqrt{g^2+\alpha^2}$ である。各点の高さは O を基準として

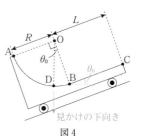

図 4

$$\text{A}：-R\sin\theta_0 \quad , \quad \text{B}：-R\cos\theta_0$$

$$\text{C}：-R\cos\theta_0 + L\sin\theta_0 \quad , \quad \text{D}：-R$$

である。**力学的エネルギー保存則**を用いると，B, C, D の各点での速さが求まる。

$$-mg'R\sin\theta_0 = \frac{1}{2}mv_D{}^2 - mg'R = \frac{1}{2}mv_B{}^2 - mg'R\cos\theta_0$$

$$= \frac{1}{2}mv_C{}^2 - mg'(R\cos\theta_0 - L\sin\theta_0)$$

また，D で速さが最も大きくなることも自明であるし，小球が C に到達する条件は，A より C の方が低ければよいことから求めることもできる。

5 剛 体

問題24 難易度：☺☺☺◯◯

図1のように質量 m，長さ L の細く一様な棒が，水平なあらい床の上に水平となす角が $60°$ となるように置かれ，棒の上端から $\dfrac{L}{4}$ の位置で台の角と接するように立てかけてある。棒が床と接する点を A，台と接する点を B とし，点 A で床から棒にはたらく摩擦力と垂直抗力の大きさをそれぞれ F_A，N_A とする。また，台の角はなめらかで，点 B で台から棒にはたらく力は垂直抗力のみであり，その大きさを N_B とする。床と棒との間の静止摩擦係数を μ，重力加速度の大きさを g とする。

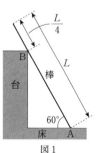

図1

(1) F_A，N_A，N_B の大きさを，m，L，g のうち必要な文字を用いてそれぞれ求めよ。

(2) 棒が静止し続けるために，μ が満たす条件を求めよ。

次に，図2のように棒の下端から距離 x の点 C に，水平右向きに大きさ f の力を加えたが，棒は静止したままであった。

(3) F_A，N_A，N_B の大きさを，それぞれ m，L，x，f，g のうち，必要な文字を用いて求めよ。

(4) ここで，$f=\dfrac{\sqrt{3}}{4}mg$，$\mu=\dfrac{1}{\sqrt{3}}$ とする。棒が静止しているための x の範囲を求めよ。

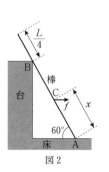

図2

⋛設問別難易度：(1)☺☺◯◯◯ (2),(3)☺☺☺◯◯ (4)☹☹☹☹◯

Point 剛体のつり合い ≫ (1), (3)

剛体が静止し，回転もしない状態が続くためには

① 力のつり合い＝剛体にはたらく力の和が 0（作用点の違いは気にせず和を考える）

② 力のモーメントのつり合い

＝剛体にはたらく力の任意の点（どこでもよい）のまわりのモーメントの和が 0

が成り立っている必要がある。物体にはたらく力の図を描き，①，②の式を立てればよい。

解答 （1） 棒にはたらく力は図3のようになる。重力は棒の重心にはたらく。A のまわりの**力のモーメントのつり合い**より

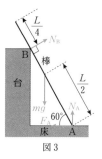

$$mg \times \frac{L}{2}\cos60° - N_B \times \frac{3}{4}L = 0$$

$$\therefore \quad N_B = \frac{mg}{3}$$

棒にはたらく**力の水平，鉛直方向のつり合い**より

水平方向：$N_B\sin60° - F_A = 0$

$$\therefore \quad F_A = \frac{\sqrt{3}}{2}N_B = \frac{\sqrt{3}}{6}mg$$

鉛直方向：$N_B\cos60° + N_A - mg = 0$

$$\therefore \quad N_A = mg - \frac{N_B}{2} = \frac{5}{6}mg$$

（2） 棒が A ですべらない条件は

$$F_A \leqq \mu N_A$$

$$\frac{\sqrt{3}}{6}mg \leqq \mu \times \frac{5}{6}mg \quad \therefore \quad \mu \geqq \frac{\sqrt{3}}{5}$$

（3） 棒にはたらく力は図4のようになる。A のまわりの**力のモーメントのつり合い**より

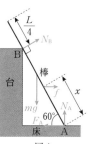

$$mg \times \frac{L}{2}\cos60° - N_B \times \frac{3}{4}L - f \times x\sin60° = 0$$

$$\therefore \quad N_B = \frac{mg}{3} - \frac{2\sqrt{3}x}{3L}f$$

棒にはたらく**力の水平，鉛直方向のつり合い**より

水平方向：$N_B\sin60° + f - F_A = 0$

$$\therefore \quad F_A = \frac{\sqrt{3}}{6}mg + f\left(1 - \frac{x}{L}\right)$$

鉛直方向：$N_B\cos60° + N_A - mg = 0$

$$\therefore \quad N_A = \frac{5}{6}mg + \frac{\sqrt{3}x}{3L}f$$

（4） （3）の結果に $f = \dfrac{\sqrt{3}}{4}mg$ を代入すると

$$F_A = \frac{\sqrt{3}mg}{4}\left(\frac{5}{3} - \frac{x}{L}\right) \quad , \quad N_A = mg\left(\frac{5}{6} + \frac{x}{4L}\right)$$

$$N_B = \frac{mg}{3}\left(1 - \frac{3x}{2L}\right)$$

B で棒が台から離れないための条件は，$N_B \geqq 0$ であるので

$$\frac{mg}{3}\left(1 - \frac{3x}{2L}\right) \geqq 0 \qquad \therefore \quad x \leqq \frac{2}{3}L \quad \cdots ①$$

A で棒がすべらない条件は，$F_A \leqq \mu N_A$ であるので

$$\frac{\sqrt{3}\,mg}{4}\left(\frac{5}{3} - \frac{x}{L}\right) \leqq \frac{1}{\sqrt{3}} \times mg\left(\frac{5}{6} + \frac{x}{4L}\right) \qquad \therefore \quad x \geqq \frac{5}{12}L \quad \cdots ②$$

また，$0 \leqq x \leqq L$ なので，$N_A \geqq 0$ が成り立ち，A で棒が床から離れることはない。ゆえに，棒が静止している条件は①，②式を同時に満たす範囲で

$$\frac{5}{12}L \leqq x \leqq \frac{2}{3}L$$

問題25 難易度：🙂🙂⬜⬜⬜

一様な密度で一定の太さの長さ $3L$ の針金 AB を，一方の端 A から距離 L の位置 O で直角に曲げた物体がある。針金の質量は $3M$ である。重力加速度の大きさを g とする。

(1) 図1のように，O を原点として，OB の向きに x 軸，OA の向きに y 軸をとる。針金の重心の座標を求めよ。

(2) 図2のように，点 C に糸をつけてつるすと，OB が水平に，OA が鉛直になって針金は静止した。C の O からの距離を求めよ。

(3) 図3のように，点 A，B に糸1，糸2をつけ，A と B が同じ水平面上にあるようにつるす。糸1，2の張力の大きさをそれぞれ求めよ。

(4) 図4のように，O に糸をつけてつるすと，OB が鉛直から θ だけ傾いた状態で針金は静止した。$\tan\theta$ を求めよ。

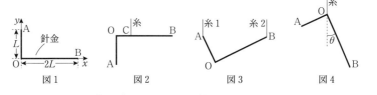

図1　　　　　図2　　　　　図3　　　　　図4

⟩ 設問別難易度：(1) 🙂🙂⬜⬜⬜　　(2)〜(4) 🙂🙂🙂⬜⬜

Point ┃ 重心 ≫ (1)〜(4)

① ある物体が単純な形の物体の組み合わせで考えられるのであれば，それぞれの物体の質量が，それぞれの物体の重心にあるものとして，重心の公式を用いて物体全体の重心を求めればよい。

② 物体を1点でつるしたり，1点で支えたりして静止させる場合，力のモーメントのつり合いが成立するので，物体にはたらく力は偶力にならない。そのため，物体の重心は必ず，つるしたり支えたりした点の鉛直線上にある。力のモーメントのつり合いの式を作らずに，このことを利用すると容易に解ける場合も多い。

解答 (1) 針金の質量は長さに比例するので，OA の部分の質量は M で，この部分の重心の位置は $\left(0, \dfrac{L}{2}\right)$，OB の部分の質量は $2M$ で，この部分の重心の位置は $(L, 0)$ である。針金全体の重心の位置座標を (x_G, y_G) として，重心の公式より

$$x_G = \frac{M\times 0 + 2M\times L}{M+2M} = \frac{2}{3}L \quad , \quad y_G = \frac{M\times \dfrac{L}{2} + 2M\times 0}{M+2M} = \frac{L}{6}$$

(2) 糸でつるす点が重心の鉛直線上にあればよい。(1)より

重心は O から水平に $\dfrac{2}{3}L$ だけ離れているので，OB を

水平にしたとき，図5の位置でつるせばよい。よって

$$\dfrac{2}{3}L$$

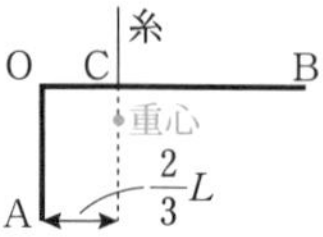

(OC の長さを x として，AO と BO にはたらく重力の C のまわりの力のモーメントのつり合いを考えてもよい。)

図5

(3) これも全体の重心で考えてもよいが，**針金を AO，BO の部分に分けて考えることもできる。**

図6のように AO の鉛直からの傾き角を α とする。AB 間の距離は $\sqrt{5}L$ であるから

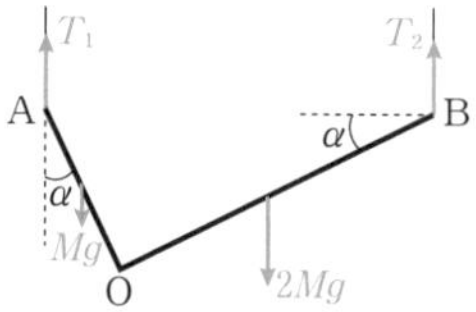

$$\sin\alpha=\dfrac{1}{\sqrt{5}} \quad , \quad \cos\alpha=\dfrac{2}{\sqrt{5}}$$

図6

糸1，2の張力の大きさをそれぞれ T_1，T_2 とする。力のつり合いより

$$T_1+T_2-Mg-2Mg=0 \quad \cdots\text{①}$$

A のまわりの力のモーメントのつり合いより

$$-Mg\times\dfrac{L}{2}\sin\alpha-2Mg\times(L\sin\alpha+L\cos\alpha)+T_2\times\sqrt{5}L=0 \quad \cdots\text{②}$$

②式に $\sin\alpha$, $\cos\alpha$ を代入して T_2 を求め，①式に T_2 を代入して T_1 を求める。

$$T_1=\dfrac{17}{10}Mg \quad , \quad T_2=\dfrac{13}{10}Mg$$

(4) 図7のように **O の鉛直線上に重心が**あればよい。重

心は，(1)より O から A 向きに $\dfrac{L}{6}$，B 向きに $\dfrac{2}{3}L$ だけ

離れているので

$$\tan\theta=\dfrac{\dfrac{L}{6}}{\dfrac{2}{3}L}=\dfrac{1}{4}$$

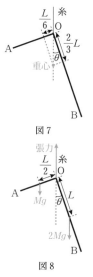

図7

別解 AO と OB に分けて考える。それぞれの重心にはたらく重力を考えると，棒には図8のような力がはたらく。

O のまわりの力のモーメントのつり合いより

$$Mg\times\dfrac{L}{2}\cos\theta-2Mg\times L\sin\theta=0$$

$$\therefore \quad \tan\theta=\dfrac{1}{4}$$

図8

問題26　難易度：😃😃🔵🔵🔵

　傾き角を変えることのできる斜面に，質量 m で，断面の高さが a，幅が b の直方体の物体が置かれている。物体の密度は一様である。物体と斜面との静止摩擦係数は μ，重力加速度の大きさを g とする。

図1

　図1のように斜面の傾き角を θ にして物体を置くと，物体は静止した。このとき斜面から物体にはたらく垂直抗力の作用点について考える。物体の底面の下側の点を A とする。

(1)　傾き角が θ のとき，物体にはたらく静止摩擦力と垂直抗力の大きさを求めよ。

(2)　重力の A のまわりの力のモーメントを求めよ。ただし，反時計回りを正とする。

(3)　垂直抗力の作用点と A の間の距離 x を求めよ。

　傾き角を大きくしていくと，傾き角 θ_1 のとき物体は A を支点として回転を始めた。

(4)　(3)で求めた垂直抗力の作用点は，物体の底面内になければならない。このことより回転を始めたときの $\tan\theta_1$ を求めよ。

(5)　物体が斜面をすべるより先に回転を始めるための μ の条件を求めよ。

設問別難易度：(1) 😃😃🔵🔵🔵　(2)〜(5) 😃😃😃🔵🔵

Point 1 ┃ 力のモーメント 》(2)

　力のモーメントの求め方が難しい場合は，求めやすい方向に力を分解して，それぞれの力のモーメントを求めて和をとってもよい。

Point 2 ┃ 剛体が回転を始めるとき 》(4)

　面に置かれた剛体が回転するとき，重力の作用線が回転の軸を通る。これを用いて力のモーメントを計算せずに解答できる場合も多い。

解答　(1)　静止摩擦力の大きさを f，垂直抗力の大きさを N とする。斜面に平行，垂直な方向のつり合いより，それぞれ

$$\text{平行}：mg\sin\theta - f = 0 \quad \therefore \quad f = mg\sin\theta$$
$$\text{垂直}：mg\cos\theta - N = 0 \quad \therefore \quad N = mg\cos\theta$$

(2)　図2のように，重力は物体の重心 G にはたらく。**重力を斜面に平行な方向（大きさ $mg\sin\theta$）の成分と，斜面に垂直な方向（大きさ $mg\cos\theta$）の成分に分解し，この2力が別々にはたらいていると考えて，力のモーメント**

を求める。それぞれの力の作用線の A からの距離

は $\dfrac{a}{2}$ と $\dfrac{b}{2}$ なので，A のまわりの力のモーメント

は

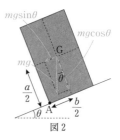

図2

$$mg\sin\theta \times \dfrac{a}{2} - mg\cos\theta \times \dfrac{b}{2}$$

$$= \dfrac{mg}{2}(a\sin\theta - b\cos\theta)$$

別解　重力の作用線の A からの距離は $\dfrac{1}{2}(b\cos\theta - a\sin\theta)$ であるので

$$-mg \times \dfrac{1}{2}(b\cos\theta - a\sin\theta) = \dfrac{mg}{2}(a\sin\theta - b\cos\theta)$$

(3)　A のまわりの力のモーメントの和を考えて

$$mg\cos\theta \cdot x + \dfrac{mg}{2}(a\sin\theta - b\cos\theta) = 0 \quad \therefore \quad x = \dfrac{1}{2}(b - a\tan\theta)$$

（参考）　物体にはたらく力のモーメントの和が 0 であ
るということは，物体にはたらく力の作用線が一点で
交わるということと同じである。つまり，図 3 のよう
に重力と静止摩擦力，垂直抗力の作用線は点 B で交
わることになる。ゆえに，AB 間の距離 x は

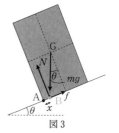

図3

$$x = \dfrac{b}{2} - \dfrac{a}{2}\tan\theta$$

(4)　垂直抗力は，必ず物体の底面にはたらくので，**物体
が静止しているとき $x \geqq 0$ である必要がある。**ゆえに

$$x = \dfrac{1}{2}(b - a\tan\theta) \geqq 0 \quad \therefore \quad \tan\theta \leqq \dfrac{b}{a}$$

よって　　$\tan\theta_1 = \dfrac{b}{a}$　…①

図4

（参考）　これは，図 4 のように重力の作用線が A を通過す
る状態である。図 4 より $\tan\theta_1$ を求めてもよい。

(5)　静止摩擦力が最大摩擦力となるときの傾き角を θ_2 とすると

$$f = \mu N$$

$$mg\sin\theta_2 = \mu mg\cos\theta_2 \quad \therefore \quad \tan\theta_2 = \mu \quad …②$$

すべるより先に回転を始めるためには，$\theta_1 < \theta_2$ であればよいので，①，②式
より

$$\tan\theta_1 < \tan\theta_2 \quad \therefore \quad \dfrac{b}{a} < \mu$$

質量 m，長さ $6L$ の細く薄い一様な板がある。この板を図1のように水平でなめらかな床面に置いた支柱 A，B で水平に支える。初め，支柱の位置は板の左右の端からそれぞれ L だけ離れている。また，板の中点 O か

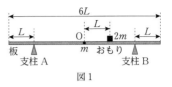

図1

ら右に距離 L だけ離れた点に，質量 $2m$ のおもりが固定されている。支柱と板の間の静止摩擦係数は $\dfrac{4}{5}$，動摩擦係数は $\dfrac{3}{5}$ である。支柱と床面の間に摩擦はなく，重力加速度の大きさを g とする。

A と B に，互いを近づける向きに水平にそれぞれ同じ大きさの力を加えた。力の大きさがある値より小さいときは，A，B は動かなかった。

(1) B から板にはたらく垂直抗力の大きさを求めよ。

(2) A，B で，それぞれ板にはたらく力（支柱からの垂直抗力と摩擦力の合力）の作用線の交点を C とする。C の位置の O からの水平距離（C を通る鉛直線と O との距離）を求めよ。

支柱に加える力の大きさを徐々に大きくしていくと，A がすべり始めた。その後も支柱 A がゆっくり動くように力を加え続けた。

(3) A が動き出したとき，A，B に加えている力の大きさを求めよ。

(4) A が元の位置から x だけ移動したとき，A から板にはたらく垂直抗力と，A に加える力の大きさを求めよ。

A をゆっくり移動させていくとある位置で止まり，その直後に B が動き出した。

(5) A が止まったとき，元の位置からどれだけ移動したか求めよ。

⫶設問別難易度：(1), (3) ⚐⚐☐☐☐　(2), (4), (5) ⚐⚐⚐⚐☐

Point ┃ **剛体のつり合いと力の作用線** 》(2)

剛体にはたらく力が偶力（作用線の異なる，同じ大きさで平行逆向きの力）になっていれば，剛体は回転してしまう。ゆえに，剛体が静止し，かつ回転もしていないとき，力を合成すると偶力にならず，作用線が一点で交わることになる。つまり，板とおもりにはたらく重力の合力と，支柱から板にはたらく抗力（摩擦力と垂直抗力）の合力の作用線は一致する。(2)はこれを利用して解いてもよい。

解答 (1) 支柱 A に加えられている力の大きさを f とする。A は動かないので，力のつり合いより，板から A に左向きに大きさ f の静止摩擦力がはたらく。さらに作用・反作用の法則より，**A から板には右向きで大きさ f の力**がはたらく。同様に，**B から板にはたらく力は大きさ f で左向き**となる。また A，B から板にはたらく垂直抗力の大きさをそれぞれ N_A，N_B とすると，板にはたらく力は図 2 のようになる。

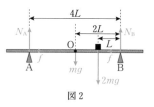

図 2

A のまわりの力のモーメントのつり合いより

$$N_B \times 4L - mg \times 2L - 2mg \times 3L = 0 \qquad \therefore \quad N_B = 2mg$$

(2) 板にはたらく力の鉛直方向のつり合いより

$$N_A + N_B - mg - 2mg = 0$$

$$\therefore \quad N_A = mg$$

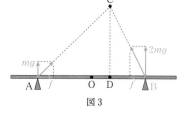

図 3

これらより，A，B で板にはたらく力の合力の作用線を延長し交点 C を求めると，図 3 のようになる。さらに C を通る鉛直線が板と交わる点を D とする。図 3 より

$$\frac{CD}{AD} = \frac{mg}{f} \quad , \quad \frac{CD}{DB} = \frac{2mg}{f}$$

これらの関係より

$$\frac{AD}{DB} = 2$$

となる。つまり，D は AB を $2:1$ に内分する点である。$AB = 4L$ より

$$AD = \frac{2}{2+1} \times 4L = \frac{8L}{3}$$

これより，O からの距離は $\dfrac{8}{3}L - 2L = \dfrac{2}{3}L$

別解 板が静止して回転しないので，**板にはたらく力を合成していくと作用線が一点で交わる**。板とおもりの重力を合成すると，大きさ $3mg$ で，作用点は板の重心 O とおもりの位置を重力の逆比 $2:1$ に内分する点であるので，O から $\dfrac{2}{3}L$ の位置の点である。A，B から板にはたらく力の合力は，大きさ $3mg$ で鉛直上向きで，作用線もこの位置を通る。

(3) 支柱に水平に加える力の大きさ f を大きくしていくと，**支柱と板の間の最大摩擦力を超えた支柱が動き出す**。f の大きさによらず，$N_A = mg$，

$N_B=2mg$ であるので，先に最大摩擦力を超えるのは A で，そのときの f の
大きさは

$$f=\frac{4}{5}N_A=\frac{4}{5}mg$$

(4) A が x だけ動いたとき，A，B から板に
はたらく垂直抗力の大きさをそれぞれ $N_A{}'$，
$N_B{}'$ とすると，板にはたらく力は図 4 のよう
になる。B のまわりの力のモーメントのつり
合いより

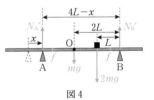

図 4

$$mg\times 2L+2mg\times L-N_A{}'\times(4L-x)=0$$

$$\therefore\quad N_A{}'=\frac{4L}{4L-x}mg$$

A と板の間にはたらくのは動摩擦力で，大きさは $\frac{3}{5}N_A{}'$ である。A はゆっ

くり動いているので，力はつり合っている。ゆえに

$$f=\frac{3}{5}N_A{}'=\frac{12L}{5(4L-x)}mg$$

(5) 図 4 の状態で，板にはたらく力の鉛直方向のつり合いより

$$N_A{}'+N_B{}'-mg-2mg=0 \qquad \therefore\quad N_B{}'=3mg-N_A{}'=\frac{8L-3x}{4L-x}mg$$

A を右向きに動かしていくと，$N_A{}'$ は大きくなり，A と板の間の動摩擦力
も大きくなる。そのため水平に加える力も大きくしていく必要がある。押す

力の大きさ f が，**B と板の間の最大摩擦力 $\frac{4}{5}N_B{}'$ を超えると，B が動き出**

す。ゆえに

$$f=\frac{4}{5}N_B{}'$$

$$\frac{12L}{5(4L-x)}my-\frac{4(8L-3x)}{5(4L-x)}mg \qquad \therefore\quad x=\frac{5}{3}L$$

SECTION 6 運動量と力積

問題28 難易度：🙂🙂🙁🙁🙁

次の文中の空欄 ［ ア ］～［ サ ］に当てはまる式を記せ。

水平面上に右図のような円形の管路があり，その中に質量が m で直径が管の内径に等しい 2 つの小球 A，B が入っている。管路と小球の間には摩擦はなく，管内は真空である。また，小球どうしの衝突は，管路の接線である直線上での，反発係数 e の非弾性衝突と考えてよいものとする。はじめに A を速さ V_0 で，静止している B に衝突させる。この衝突直後の A の速さ V_1 は ［ ア ］で，B の速さ W_1 は ［ イ ］である。この後，A と B とは管路を回って衝突を繰り返す。2 回目の衝突直後の A の速さ V_2 と B の速さ W_2 は，反発係数 e と V_0 を用いて表すと，それぞれ，［ ウ ］，［ エ ］である。n 回目の衝突直後の A の速さを V_n，B の速さを W_n と表し，n 回目の衝突の直前と直後の小球の速さの間の関係を V_n，W_n，V_{n-1}，W_{n-1} を用いて表すと

$$V_n + W_n = ［ オ ］$$

が成り立つ。上式は V_0 を用いて

$$V_n + W_n = ［ カ ］ \quad \cdots ①$$

と表される。また，$V_n - W_n$ は，反発係数 e と V_0 を用いて

$$V_n - W_n = ［ キ ］ \quad \cdots ②$$

と表される。式①，②から n 回目の衝突直後の小球の速さは，反発係数 e と V_0 を用いて

$$V_n = ［ ク ］ , \quad W_n = ［ ケ ］$$

と表される。衝突を繰り返していくと，V_n，および W_n はそれぞれ ［ コ ］，［ サ ］に近づく。

⫸ 設問別難易度：ア，イ 🙂🙁🙁🙁🙁　ウ～カ，コ，サ 🙂🙂🙁🙁🙁　キ～ケ 🙂🙂🙂🙁🙁

Point 1｜運動量保存則 ≫ オ，カ

本問では，A と B は何度衝突しても，運動量保存則が成り立つ。n 回目の衝突後の運動量の和は，1 回目の衝突前の運動量の和に等しい。

反発係数は，衝突前後の相対速度の比である。ただし，衝突前後で相対速度の向きが逆になるので，衝突後，相対速度が $-e$ 倍になる。ゆえに，n 回衝突すると，相対速度が $(-e)^n$ 倍となると考えられる。反発係数の式を丸暗記ではなく，意味を確実にとらえると，このような考え方ができる。

解答　ア・イ．1回目の衝突の前後で，運動量保存則より

$$mV_0 = mV_1 + mW_1 \quad \cdots ③$$

また，反発係数の式より

$$e = -\frac{V_1 - W_1}{V_0} \quad \cdots ④$$

③，④式を解いて

$$V_1 = \frac{1-e}{2}V_0 \quad , \quad W_1 = \frac{1+e}{2}V_0$$

ウ・エ．2回目の衝突では，B が A の後方から A に衝突するので，A と B の位置関係が変わるが，A と B の位置関係が変わっても式は同様である。

運動量保存則より，③式も考慮して

$$mV_1 + mW_1 = mV_2 + mW_2 = mV_0 \quad \cdots ⑤$$

反発係数の式より，④式も考慮して

$$e = -\frac{V_2 - W_2}{V_1 - W_1} = -\frac{V_2 - W_2}{-eV_0} \quad \cdots ⑥$$

⑤，⑥式より

$$V_2 = \frac{1+e^2}{2}V_0 \quad , \quad W_2 = \frac{1-e^2}{2}V_0$$

オ．運動量保存則より

$$mV_{n-1} + mW_{n-1} = mV_n + mW_n \qquad \therefore \quad V_n + W_n = V_{n-1} + W_{n-1}$$

カ．A と B の**運動量の和は，何回衝突しても保存している**ので

$$mV_0 = mV_n + mW_n \qquad \therefore \quad V_n + W_n = V_0 \quad \cdots ①$$

キ．反発係数の式を1回目の衝突から，n 回目の衝突まで立てると

$$1回目 \quad : e = -\frac{V_1 - W_1}{V_0}$$

$$2回目 \quad : e = -\frac{V_2 - W_2}{V_1 - W_1}$$

$$\vdots \qquad\qquad \vdots$$

$$n-1回目 : e = -\frac{V_{n-1} - W_{n-1}}{V_{n-2} - W_{n-2}}$$

$$n \text{ 回目} \quad : e = -\frac{V_n - W_n}{V_{n-1} - W_{n-1}}$$

全ての式を，左辺，右辺でかけ合わせると

$$e^n = (-1)^n \frac{V_n - W_n}{V_0} \qquad \therefore \quad V_n - W_n = (-e)^n V_0 \quad \cdots ②$$

別解　B に対する A の相対速度 $V_n - W_n$ は，衝突するたびに $-e$ 倍になるので

$$V_n - W_n = (-e)^n V_0$$

ク・ケ．①，②式を解いて

$$V_n = \frac{1 + (-e)^n}{2} V_0 \quad , \quad W_n = \frac{1 - (-e)^n}{2} V_0$$

コ・サ．$e < 1$ より，$\lim_{n \to \infty} (-e)^n = 0$ であるので

$$\lim_{n \to \infty} V_n = \lim_{n \to \infty} \left(\frac{1 + (-e)^n}{2} V_0 \right) = \frac{V_0}{2}$$

$$\lim_{n \to \infty} W_n = \lim_{n \to \infty} \left(\frac{1 - (-e)^n}{2} V_0 \right) = \frac{V_0}{2}$$

別解　B に対する A の相対速度 $V_n - W_n$ は，衝突するたびに $-e$ 倍になるので，やがて相対速度は 0，つまり A と B の速度は同じ値に近づく。この速度を V_∞ とすると，運動量保存則より

$$m V_0 = m V_\infty + m V_\infty \qquad \therefore \quad V_\infty = \frac{V_0}{2}$$

問題29 難易度：🙂🙂🙂⬜⬜

なめらかで水平な床に置かれた質量 M，1辺の長さが a の立方体の木片を質量 m の大きさの無視できる弾丸で撃つ実験を行った。その際，木片や弾丸の自転運動や空気による摩擦の影響は無視できるものとする。次の I〜III の場合について各問いに答えよ。I，II については弾丸の運動に対する重力の影響は無視できるものとする。

I. 図1のように木片を固定し，弾丸を速さ v_0 で面に垂直に当てると，面からの距離 d $(d<a)$ まで入り込んで止まった。

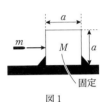
図1

(1) 弾丸が木片に入り込んで進むとき，弾丸は常に一定の抵抗力を受けるとして，その抵抗力の大きさを求めよ。

(2) 弾丸が木片を貫通するための衝突直前の最小の速さを求めよ。

II. 次に，図2のように木片の固定を外した。弾丸を木片の横の面に垂直に当てる場合について，I の結果を用いて以下の問いに答えよ。なお，弾丸が木片に入り込むときの抵抗力の大きさは I の場合と同じとする。

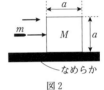
図2

(3) 弾丸が速さ v_0 で衝突すると，木片に入り込み，やがて木片と一体となって一定の速さで動いた。その速さを求めよ。また，当てた弾丸が木片に入り込んだ深さを求めよ。

(4) 弾丸が木片を貫通するための衝突直前の最小の速さを求めよ。

III. 図3に示すように，この木片が地面から高さ h の地点を速さ V で水平に飛んでいる瞬間に，下方から鉛直上方にこの弾丸を速さ v_0 で当てた。弾丸は木片に入り込み，一体となって放物線を描きながら地面に落下した。重力加速度を g とする。

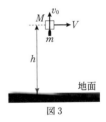
図3

(5) 一体となった直後の速度の水平成分と鉛直成分をそれぞれ求めよ。

設問別難易度：(1), (2) 🙂🙂⬜⬜⬜　(3)〜(5) 🙂🙂🙂⬜⬜

Point 1 運動量保存則が成立する条件 ≫ (3), (5)

ある物体系の運動量の和が保存する条件は，物体系に含まれる物体に内力のみが力積を与える場合である。力の種類は関係ない。本問のように抵抗力や摩擦力がはたらく場合でも，それらが内力であれば，運動量の和は保存する。

ある力がする仕事は，力×物体の変位×cosθ で求められる（ただし，θ は力と変位のなす角である）。「物体の変位」は，相対的な距離ではなく，絶対的な距離である。ある物体系に属する 2 つの物体の変位が異なるとき，内力は作用・反作用の法則より逆向きにはたらくので，内力が 2 つの物体にする仕事はそれぞれ正，負となる。2 つの物体に内力がする仕事はこの和であるので

　　　内力が物体系にする仕事の和＝力×相対的な変位（変位の差）

となる。本問の I，II では，抵抗力は木片には正，弾丸には負の仕事をし，弾丸の変位の方が大きいので物体系にする仕事は

　　　抵抗力が物体系にする仕事＝－抵抗力の大きさ×弾丸の木片に対する変位

となる。

本問の III のように，2 つの物体が空中で衝突する場合，外力である重力がはたらいているが，衝突は極めて短時間であるので重力の力積は無視してよい。ゆえに，衝突前後で運動量保存則が成り立つと考えてよい。

解答 (1) 抵抗力の大きさを f とする。抵抗力は弾丸の進行方向と逆向きにはたらくので，弾丸が静止するまでの間に**弾丸にする仕事は** $-fd$ である。この仕事の分だけ運動エネルギーが減少するので

$$0-\frac{1}{2}mv_0{}^2=-fd \quad \therefore \quad f=\frac{mv_0{}^2}{2d} \quad \cdots ①$$

(2) 貫通するまでに抵抗力が弾丸にする仕事は $-fa$ であるので，それ以上の運動エネルギーをもてばよい。初速度を v_1 とすると，v_1 の条件は，①式の f も代入して

$$\frac{1}{2}mv_1{}^2-fa\geqq 0 \quad \therefore \quad v_1\geqq\sqrt{\frac{2fa}{m}}=v_0\sqrt{\frac{a}{d}}$$

(3) 一体となった後の速さを V とする。**運動量保存則より**

$$mv_0=(m+M)V \quad \therefore \quad V=\frac{m}{m+M}v_0 \quad \cdots ②$$

木片中で弾丸が移動した距離を d_1 とする。弾丸が木片に接触してから，弾丸と木片が同じ速さになるまでに，木片が距離 D だけ移動したとする。図 4 のように，このとき弾丸は $D+d_1$ だけ移動する。木片には進行方向に抵抗力 f がはたらく。これより弾丸と木片

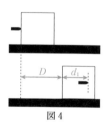

図4

に抵抗力がする仕事はそれぞれ

$$弾丸：-f(D+d_1) \quad , \quad 木片：fD$$

となる。**抵抗力が，弾丸と木片全体にした仕事は，これらの和をとって**

$$-f(D+d_1)+fD=-fd_1$$

となる。これより

$$\frac{1}{2}(m+M)V^2-\frac{1}{2}mv_0{}^2=-fd_1$$

①，②式の f，V を代入して d_1 を求める。

$$d_1=\frac{M}{m+M}d$$

(4) 木片を貫通する弾丸の衝突直前の最小の速さを v_2 とする。このとき，弾丸の木片内の通過距離が a になり，かつ弾丸が貫通したとき，②式で求めた速さ V になる。(2)と同様に，抵抗力が弾丸と木片にした仕事は $-fa$ であるので

$$\frac{1}{2}(m+M)V^2-\frac{1}{2}mv_2{}^2=-fa$$

①，②式の f と V を代入して v_2 を求める。

$$v_2=v_0\sqrt{\frac{(m+M)a}{Md}}$$

(5) 弾丸が木片内で静止した後の速度の水平，鉛直成分を u_x，u_y とする（ただし，それぞれ右向き，上向きを正とする）。**運動量保存則**より

$$水平：MV=(m+M)u_x \quad \therefore \quad u_x=\frac{M}{m+M}V$$

$$鉛直：mv_0=(m+M)u_y \quad \therefore \quad u_y=\frac{m}{m+M}v_0$$

問題30 難易度：🙂🙂😐⬜⬜

鉛直上向きに一定の速さ V で動く板がある。時刻 $t=0$ で，質量 m の小球が，鉛直下向きの速さ v_0 で板に衝突した。板の質量は小球の質量に比べて十分に大きい。重力加速度の大きさを g とし，鉛直上向きを正とする。

初めに，小球と板との反発係数を 1 とする。

(1) 小球が板と衝突した直後の速度を求めよ。

(2) 衝突の際，小球が受けた力積の大きさを求めよ。

(3) 小球が再び板と衝突するまでの時間と，衝突直前の小球の速度を求めよ。

(4) 小球はその後どんな運動をするか答えよ。

次に，反発係数を e （$e<1$）とする。

(5) 小球は，板と衝突を繰り返し，いつかはね返らなくなる。初めに板と衝突してから，はね返らなくなるまでの時間を求めよ。

⋮設問別難易度：(1)〜(3) 🙂😐⬜⬜⬜　(4),(5) 😐😐😐😐⬜

Point 1 | 一方の物体の速度が変化しない衝突 ≫ (1),(5)

一方の物体の質量が非常に大きいなど（動くピストンに衝突する気体分子など），衝突の前後で一方の速度が変化しないことがある。この場合，運動量保存則は使えないので，反発係数の式を用いて，速度を求める。また，力学的エネルギー保存則も成り立たない。状況によってはエネルギーが増加する場合もあることに注意しよう。

Point 2 | 慣性系 ≫ (3)〜(5)

板は等速直線運動をしているので，板から見ると慣性系である。小球が速さ v_0+V で，静止している板に衝突すると考えればよい。

解答 (1) 板の質量が小球の質量より十分に大きいので，**小球と衝突しても板の速度は変化しない**。衝突直後の小球の速度を v_1 として，反発係数の式より

$$1=-\frac{v_1-V}{-v_0-V} \qquad \therefore \quad v_1=v_0+2V$$

(2) 小球の受けた力積は，小球の運動量の変化であるので

$$mv_1-m(-v_0)=2m(v_0+V)$$

(3) 小球と板が再び同じ高さになるまでの時間を t とする。小球は初速度 v_0+2V の鉛直投げ上げ，板は等速直線運動なので

$$(v_0+2V)t-\frac{1}{2}gt^2=Vt \qquad \therefore \quad t=0,\ \frac{2(v_0+V)}{g}$$

$t=0$ は，小球と板が初めに衝突した時刻で不適。ゆえに $t=\dfrac{2(v_0+V)}{g}$

そのときの小球の速度を v_2 とすると

$$v_2=(v_0+2V)-gt=-v_0$$

別解 板は等速直線運動をしているので，板の上の観測者から見た場合，慣性系であり，この観測者から見ると，静止している板に小球が反発係数 1 で衝突したと考えてよい。板から見た 1 回目の衝突直前の相対速度は

$$-v_0-V_0=-(v_0+V_0)$$

で，鉛直下向きに速さ v_0+V_0 である。ゆえに，衝突直後の相対速度は鉛直上向きに速さ v_0+V_0 で，板上で見るとこの速さで鉛直投射される。これより，再び板に衝突するときの相対速度は $-(v_0+V_0)$ であり，2 回目の衝突までの時間 t' は

$$(v_0+V_0)-gt'=-(v_0+V_0) \qquad \therefore \quad t'=\dfrac{2(v_0+V)}{g}$$

(4) 2 回目の衝突で，小球と板との相対的な関係は，1 回目の衝突と同じである。したがって，全体が鉛直上向きに V で動きながら同じ運動を繰り返す。

参考 (3)の別解と同様に，板上の観測者から見ると，小球が板に対して鉛直下向きに速さ v_0+V で衝突し，同じ速さではね上がる。再び板と衝突するとき，小球は鉛直下向きに速さ v_0+V なので，以後同じ運動を繰り返す。

(5) 板から小球の運動を見る。初めの衝突の直前，小球の板に対する相対速度は $-(v_0+V)$ で，衝突直後の相対速度は $e(v_0+V)$ となる。ゆえに，2 回目に衝突する直前の小球の相対速度は，$-e(v_0+V)$ なので，それまでの時間を t_1 とすると

$$e(v_0+V)-gt_1=-e(v_0+V) \qquad \therefore \quad t_1=\dfrac{2e(v_0+V)}{g}$$

2 回目の衝突直後，小球の相対速度は $e^2(v_0+V)$ となる。同様に考えて，2 回目から 3 回目の衝突までの時間を t_2 とすると

$$e^2(v_0+V)-gt_2=-e^2(v_0+V) \qquad \therefore \quad t_2=\dfrac{2e^2(v_0+V)}{g}$$

以後も同じように考えて，はね上がっている時間の合計 T を考えると

$$T=t_1+t_2+\cdots+t_n+\cdots=\dfrac{2(v_0+V)}{g}(e+e^2+\cdots+e^n+\cdots)$$

$n\to\infty$ とすると，T は収束し，ある時間で小球ははね上がらなくなる。ゆえに，等比数列の和を求めて

$$T=\dfrac{2e(v_0+V)}{g(1-e)}$$

問題31 難易度：😊😊😊⬜⬜

図1のように，質量 M の台が水平でなめらかな面上に，左端を鉛直な壁 W に接して置かれている。台の上面の A から B までは曲面で，A は B より h だけ高くなっている。B から C までは水平な面で，B で曲面となめらかにつながっており，BC 間の距離は L である。台の上面は全てなめらかである。台の右端 C は鉛直な壁 P となっている。台を静止させた状態で，質量 m の小球を A で静かにはなすと，小球は B を通過し，C で壁 P に衝突した。壁 P と小球との反発係数を e（$0<e<1$），重力加速度の大きさを g とする。

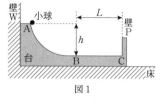

図1

(1) 小球が B を通過するときの速さを求めよ。

(2) 小球を A ではなしてから B に到達するまでに，壁 W から台にはたらく垂直抗力が台に与えた力積の大きさを求めよ。

(3) 小球が壁 P と衝突した直後の小球と台の速度をそれぞれ求めよ。ただし，水平右向きを正とする。

(4) 小球が初めに B を通過し C に至るまでの時間を T_1，壁 P と衝突後に C から B を通過するまでの時間を T_2 とする。T_2 の T_1 に対する比を求めよ。

(5) 小球は壁 P と衝突した後，B を通過し，台の曲面を上った。小球が達する最高点の B からの高さを求めよ。

⚙ 設問別難易度：(1) 😊😊⬜⬜⬜　(2)〜(4) 😊😊😊⬜⬜　(5) 😊😊😊😊⬜

Point 1　運動量保存則，力学的エネルギー保存則 ≫ (3), (5)

　台と小球からなる物体系を考える。運動量保存則が成り立つのは，内力のみが力積を与えるときなので，台が壁 W と接しているときは成り立たない。台が壁 W から離れた後は，水平方向の運動量保存則が成り立つ。壁 P との衝突の前後でも成り立つ。

　一方，台が動かないときは小球だけの，台が動いているときは台と小球の全体の力学的エネルギー保存則が成り立つ。ただし，壁 P との衝突は非弾性衝突であるので，衝突前後では力学的エネルギー保存則は成り立たない。

Point 2　力積と運動量の変化 ≫ (2)

　ある物体に与えた力積が，物体の運動量の変化となるが，この力積は，物体に与えた力積の和のことである。台が静止している間は台の運動量は変化していないので，台に与えた力積の和は 0 となる。力積，運動量がベクトルであることを意識して考えること。

解答 **(1)** 小球が AB 間の曲面を通過するとき，小球から台にはたらく垂直抗力は水平左向きの成分をもつので，台は壁 W に押しつけられ動かない。小球が B を通過するときの速さを v_0 として，小球の力学的エネルギー保存則より

$$mgh = \frac{1}{2}mv_0{}^2 \quad \therefore \quad v_0 = \sqrt{2gh}$$

(2) 小球が A から B まで運動する間の運動量の変化は水平右向きに大きさ mv_0 である。図 2 のように，これは小球にはたらく重力と，台の曲面からの垂直抗力の力積の和に等しい。重力の力積は鉛直下向きなので，**曲面からの力積の水平成分の大きさが mv_0** ということになる。

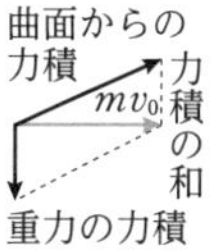

図 2

台には図 3 のように重力，床からの垂直抗力，壁 W からの垂直抗力，小球からの垂直抗力の力積がはたらく。重力と床からの垂直抗力の力積は鉛直で，小球からの垂直抗力の力積の水平成分は，作用・反作用の法則より左向きに大きさ mv_0 である。この間，台の運動量の変化は 0 であるので，台にはたらく力の力積の和は 0 である。そのため水平方向について考えると，**壁 W からの力積が水平右向きに大きさ mv_0** でなければならない。よって

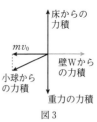

図 3

$$mv_0 = m\sqrt{2gh}$$

(3) 衝突直後の小球と台の速度をそれぞれ v，V とする。運動量保存則より

$$mv_0 = mv + MV$$

反発係数の式より

$$e = -\frac{v - V}{v_0}$$

これらを解いて，v_0 を代入して

小球：$v = \dfrac{m - eM}{m + M}v_0 = \dfrac{m - eM}{m + M}\sqrt{2gh}$

台　：$V = \dfrac{(1 + e)m}{m + M}v_0 = \dfrac{(1 + e)m}{m + M}\sqrt{2gh}$

(4) 小球が B から C へ移動する間，台は動かない。小球が壁 P に衝突するまで，小球の台に対する相対速度は v_0 であるので

$$T_1 = \frac{L}{v_0}$$

反発係数 e より，壁 P と衝突後，台に対する小球の相対速度は $-ev_0$ となる。 よって

$$T_2 = \left| \frac{L}{-ev_0} \right| = \frac{L}{ev_0} = \frac{T_1}{e} \qquad \therefore \quad \frac{T_2}{T_1} = \frac{1}{e}$$

(参考) 衝突後の台に対する小球の相対速度を，v, V から求めると

$$v - V = \frac{m - eM}{m + M}v_0 - \frac{(1+e)m}{m+M}v_0 = -ev_0$$

(5) 壁 P との衝突後，小球が台の曲面上で最高点に達したとき，台から見た小球の相対速度は 0 となるので，台と小球の速度は等しくなる。この速度を V' とする。水平方向の運動量保存則より

$$mv_0 = (m + M)V' \qquad \therefore \quad V' = \frac{m}{m+M}v_0$$

最高点の高さを h' として，台と小球の力学的エネルギー保存則より

$$\frac{1}{2}mv^2 + \frac{1}{2}MV^2 = \frac{1}{2}(m+M)V'^2 + mgh'$$

これを h' について解いて，v, V, V', v_0 を代入して

$$h' = \frac{e^2 M}{m + M}h$$

以下の空欄のア〜クに入る適切な数式を答えよ。なお，【　　】は，すでに与えられた空欄と同じものを表す。

図1のようになめらかで水平な床面上に，高さ h，傾き角 θ の斜面をもつ質量 M の三角台が置かれている。三角台の斜面の上端に質量 m の小物体を置き静かに手をはなすと，小物体は斜面に沿ってすべり始めると同時

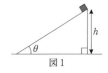

図1

に，三角台も動き出し，小物体はやがて床面に到達した。小物体と斜面の間には摩擦はなく，重力加速度の大きさを g とする。

小物体が床面に到達する直前について考える。図2のように，三角台の右向きの速さを V，小物体の水平左向きの速さを v_x，鉛直下向きの速さを v_y とする。V と v_x の関係を，M，m も用いて式にすると

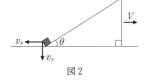

図2

[　　　　ア　　　　] …①

三角台と小物体の全体の力学的エネルギー保存則を，h を用いて式にすると

[　　　　イ　　　　] …②

小物体の三角台に対する相対速度は，鉛直下向き成分が v_y，水平左向き成分が [　ウ　] である。三角台上から見ると小物体は斜面をすべり降りるので

$v_y = $【　ウ　】$\times$[　エ　] …③

である。①〜③の式より，V を M，m，g，θ，h で表すと

$V = $[　オ　] …④

となる。

小物体と三角台の間の垂直抗力の大きさを N とし，N は一定であるとする。また，小物体が床面に達するまでの時間を t とし，三角台の運動量 MV を N，θ，t で表すと

$MV = $[　カ　] …⑤

小物体，三角台の加速度は一定なので，t を M，m，θ，h，V で表すと

$t = $[　キ　] …⑥

⑤，⑥式より N を M，m，g，θ で表すと

$N = $[　ク　]

:設問別難易度：**ア〜エ, カ** 📝📝📝⬜⬜　　**オ, キ, ク** 📝📝📝📝⬜

運動量保存則を方向別に考える　≫ ア

　三角台と小物体からなる物体系を考える。外力（重力や床からの垂直抗力）が力積を与えるので運動量保存則は成り立たない。しかし，外力はいずれも鉛直方向にのみはたらき，**水平方向の成分をもつ力は，内力（三角台と小物体の間にはたらく垂直抗力）のみである**。ゆえに，**水平方向の運動量保存則が成り立つ**。このように，運動量はベクトルであることを意識し，**方向別に考えることが大切**である。

解答　ア. **水平方向の運動量の和が保存する**。初めは 0 である。垂直抗力の作用する
　　　　向きを考えると，三角台は右に，小物体は左に動くことになるので
$$0 = MV - mv_x \quad \cdots ①$$

イ. **三角台と小物体の全体の力学的エネルギー保存則**より
$$mgh = \frac{1}{2}MV^2 + \frac{1}{2}m(v_x{}^2 + v_y{}^2) \quad \cdots ②$$

ウ. 三角台から見た水平方向の相対速度を u_x とすると，左向きを正として
$$u_x = v_x - (-V) = v_x + V$$

エ. 鉛直下向きの相対速度を u_y とすると，問題文
　　にあるように，$u_y = v_y$ である。図3のように**三
　　角台上から見ると小物体の速度（相対速度）は斜
　　面に平行な方向**なので

三角台から見た相対速度
図3

$$\tan\theta = \frac{u_y}{u_x} = \frac{v_y}{v_x + V}$$
$$\therefore \quad v_y = (v_x + V) \times \tan\theta \quad \cdots ③$$

オ. ①式より，$v_x = \dfrac{M}{m}V$ であるので，③式に代入して

$$v_y = \frac{M+m}{m}V\tan\theta \quad \cdots Ⓐ$$

　　これら v_x, v_y を②式に代入すると
$$mgh = \frac{1}{2}MV^2 + \frac{1}{2}m\left[\left(\frac{M}{m}V\right)^2 + \left\{\left(\frac{M+m}{m}\right)V\tan\theta\right\}^2\right]$$

　　この式を整理して，また $\tan^2\theta + 1 = \dfrac{1}{\cos^2\theta}$ も用いて，V を求めると

$$V = m\cos\theta\sqrt{\frac{2gh}{(M+m)(M+m\sin^2\theta)}} \quad \cdots ④$$

カ. 三角台にはたらく力のうち，水平成分をもつのは小
　　物体からの垂直抗力だけである。図4のように，垂直
　　抗力の水平成分は $N\sin\theta$ で，**運動量の変化が力積**

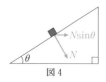
図4

ので
$$MV = N\sin\theta \cdot t \quad \cdots ⑤$$

キ．小物体の鉛直方向の加速度を a_y とすると
$$h = \frac{1}{2}a_y t^2 \quad , \quad v_y = a_y t$$

これらより
$$v_y = \frac{2h}{t}$$

Ⓐ式に代入して t を求めると
$$\frac{M+m}{m}V\tan\theta = \frac{2h}{t} \qquad \therefore \quad t = \frac{2mh}{(M+m)V\tan\theta} \quad \cdots ⑥$$

ク．④〜⑥式より
$$N = \frac{mMg\cos\theta}{M+m\sin^2\theta}$$

問題33 難易度：☺☺□□□

以下の空欄のア～シに入る適当な式，数値を答えよ。また，下線部の問1に答えよ。なお，【　　】は，すでに与えられた空欄と同じものを表す。

鉛直な壁から距離 L だけ離れた水平な床の一点より，小球を速さ v_0，水平からの角 θ で投げた。小球は壁に対して垂直に衝突し，壁から距離 $\dfrac{L}{2}$ の床に落下した。壁はなめらかで，衝突の際，小球と壁との間の摩擦力は無視できる。重力加速度の大きさを g とする。

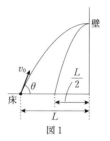
図1

小球を投げてから壁と衝突するまでの時間を T とすると，L, v_0, θ を用いて $T=[\quad ア \quad]$ となる。また，壁の衝突した点の床からの高さは v_0, θ, g を用いて $[\quad イ \quad]$ となる。小球と壁との反発係数を e とすると，衝突後の速度の水平成分の大きさは $[\quad ウ \quad]$ となり，$\dfrac{L}{2}=$【　ウ　】$\times[\quad エ \quad]$ （T を用いて）より，$e=[\quad オ \quad]$ である。

次に，床から投げる位置だけを変えて，投げた小球が壁と衝突した後に投げた地点に戻ってくるようにしたい。このとき，投げた地点の壁からの距離 L' を求めよう。

問1．投げてから床に戻ってくるまでの小球の軌跡の概略を描け。

投げてから戻ってくるまでの間の小球の最高点の高さは v_0, θ, g を用いて $[\quad カ \quad]$ である。小球を投げてから壁に衝突するまでの時間を t_1，壁に衝突してから床に戻ってくるまでの時間を t_2 とすると，v_0, θ, e を用いて

$$L'=[\quad キ \quad]\times t_1=[\quad ク \quad]\times t_2$$

また，$t_1+t_2=[\quad ケ \quad]$ （T を用いて）である。これらより，$e=$【　オ　】を代入して，t_1 を T を用いて表すと，$t_1=[\quad コ \quad]\times T$ となる。$T=$【　ア　】を代入して，L' を L を用いて表すと

$$L'=[\quad サ \quad]\times L$$

となる。また，小球の最高点の壁からの水平距離は $[\quad シ \quad]\times L$ となる。

設問別難易度：ア～ウ ☺☺□□□　エ～シ ☺☺☺□□　問1 ☺☺☺☺□

Point 斜め衝突 ≫ ウ, カ, ケ, 問1

物体がなめらかな面に斜めに衝突するとき，面に対して垂直な向きの力積のみを受けるので，物体の速度は面に垂直な成分のみが変化する。反発係数 e のとき，垂直成分の大きさは e 倍になる。本問では鉛直な壁と衝突するので，速度の水平成分は

変化するが鉛直成分は変化しない。ゆえに，床に落下するまで鉛直方向の運動は単なる鉛直投げ上げ運動である。

解答　ア．速度の水平成分は $v_0\cos\theta$ で，壁と衝突するまで等速運動なので

$$T=\frac{L}{v_0\cos\theta}\quad\cdots①$$

イ．壁と垂直に衝突するので，このとき小球の運動は最高点である。高さを h_0 とすると，鉛直方向の速度が0であるので

$$0-(v_0\sin\theta)^2=-2gh_0\qquad\therefore\quad h_0=\frac{v_0{}^2\sin^2\theta}{2g}$$

ウ．衝突後の速度の水平成分は e 倍になるので　　　$ev_0\cos\theta$

エ．放物運動の頂点で壁と衝突しているので，床に落下するまでの時間も T である。水平方向の運動を考えて

$$\frac{L}{2}=ev_0\cos\theta\times T\quad\cdots②$$

オ．①，②式より

$$\frac{L}{2}=ev_0\cos\theta\times\frac{L}{v_0\cos\theta}\qquad\therefore\quad e=\frac{1}{2}$$

問1．壁と衝突すると，速度の水平成分が $\frac{1}{2}$ 倍になる。元の地点に落下するためには，衝突後，**床に落下するまでの時間が壁と衝突するまでの時間の2倍になる必要がある。鉛直方向の運動は壁との衝突で影響を受けないので**，投げてから落下するまでの時間の $\frac{1}{3}$ で衝突する必要がある。

ゆえに，最高点に達する前に壁と衝突し，その後，最高点に達してから，床に落下する（図2）。

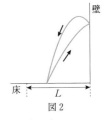

図2

カ．鉛直方向の運動は壁との衝突で影響を受けないので，最高点の高さはイで求めた h_0 で変わりない。よって　　$\dfrac{v_0{}^2\sin^2\theta}{2g}$

キ・ク．衝突前後の速度の水平成分の大きさは，それぞれ $v_0\cos\theta$，$ev_0\cos\theta$ である。ゆえに

$$L'=v_0\cos\theta\times t_1=ev_0\cos\theta\times t_2\quad\cdots③$$

ケ．床に落下するまでの時間は $2T$ なので

$$t_1+t_2=2T\quad\cdots④$$

コ．③，④式で $e=\dfrac{1}{2}$ として，t_1 を求めると

$$t_1 = \frac{2}{3} \times T$$

サ． $\quad L' = v_0\cos\theta \times \dfrac{2}{3}T = v_0\cos\theta \times \dfrac{2L}{3v_0\cos\theta} = \dfrac{2}{3} \times L$

シ．小球を投げてから最高点までの時間が T であるので，壁と衝突してから，

時間 $T - \dfrac{2}{3}T = \dfrac{T}{3}$ で最高点となる。衝突後の速度の水平成分は，$ev_0\cos\theta$

$= \dfrac{1}{2}v_0\cos\theta$ なので，最高点の壁からの水平距離は

$$\frac{1}{2}v_0\cos\theta \times \frac{T}{3} = \frac{1}{2}v_0\cos\theta \times \frac{L}{3v_0\cos\theta} = \frac{1}{6} \times L$$

　図1のような傾き角 45° の斜面の一点 O から，質量 m の小球を水平右向きに投げ出した。小球は O から高さ h だけ下の点 P で斜面と衝突した。O を原点とし，水平右向きに x 軸，鉛直下向きに y 軸をとり，小球を投げ出した時刻を $t=0$，重力加速度の大きさを g とする。

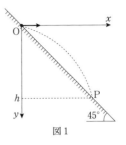

図1

(1) 点 P で小球が斜面に衝突した時刻を求めよ。

(2) O で小球を投げ出した速さを求めよ。

(3) 点 P で小球が斜面に衝突する直前の，小球の運動エネルギーを求めよ。

(4) 点 P で小球が斜面に衝突する直前の，斜面に垂直および平行方向の速さを求めよ。

(5) 小球と斜面との反発係数が $\dfrac{1}{2}$ であったとする。衝突直後の小球の速度の水平成分，鉛直成分を g, h で表せ。

(6) 点 P で小球が衝突の際に斜面から受けた力積を m, g, h で表せ。

Point　速度の分解，合成　≫ (4), (5)

　放物運動を考える際は，速度を水平，鉛直成分に分解するのが有効な場合が多い。しかし，平面との衝突の際は，速度を面に平行な成分と垂直な成分に分ける必要がある。それぞれの成分をさらに分解してから合成することに慣れよう。

解答 (1) 小球は鉛直に高さ h だけ落下して斜面と衝突する。衝突した時刻を t_1 として

$$h=\frac{1}{2}gt_1{}^2 \quad \therefore \quad t_1=\sqrt{\frac{2h}{g}}$$

(2) 斜面の傾きは 45° であるので，点 P で $x=h$ である。小球を投げ出した速さを v_0 として

$$h=v_0t_1 \quad \therefore \quad v_0=\frac{h}{t_1}=\sqrt{\frac{gh}{2}}$$

(3) 衝突直前の運動エネルギーを K_1 として，力学的エネルギー保存則より

$$K_1=\frac{1}{2}mv_0{}^2+mgh=\frac{5}{4}mgh$$

(4) 衝突直前の速度のx成分をv_{1x}，y成分をv_{1y}として

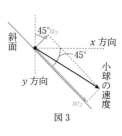

図2

$$v_{1x}=v_0=\sqrt{\frac{gh}{2}}$$

$$v_{1y}=gt_1=\sqrt{2gh}$$

図2を参考に，v_{1x}，v_{1y}をさらに斜面に垂直な成分，平行な成分に分解し，それぞれの和をとる。速度の斜面に垂直な成分の大きさをu_1，平行な成分の大きさをw_1として

垂直：$u_1=-v_{1x}\sin45°+v_{1y}\cos45°$

$$=-\sqrt{\frac{gh}{2}}\times\frac{1}{\sqrt{2}}+\sqrt{2gh}\times\frac{1}{\sqrt{2}}=\frac{\sqrt{gh}}{2}$$

平行：$w_1=v_{1x}\cos45°+v_{1y}\sin45°$

$$=\sqrt{\frac{gh}{2}}\times\frac{1}{\sqrt{2}}+\sqrt{2gh}\times\frac{1}{\sqrt{2}}=\frac{3\sqrt{gh}}{2}$$

(5) 衝突直後の小球の斜面に垂直，平行な成分の大きさをそれぞれu_2，w_2とする。衝突前後で，小球の斜面に垂直な成分のみが変化し，反発係数が$\frac{1}{2}$なので

$$u_2=\frac{1}{2}u_1=\frac{\sqrt{gh}}{4}$$

となる。斜面に平行な成分は変化しないので

$$w_2=w_1=\frac{3\sqrt{gh}}{2}$$

となる。図3を参考に，**u_2，w_2を水平，鉛直成分に分解して和をとる**。衝突後の速度のx（水平）成分をv_{2x}，y（鉛直）成分をv_{2y}として

水平：$v_{2x}=u_2\sin45°+w_2\cos45°=\frac{7}{4}\sqrt{\frac{gh}{2}}$

鉛直：$v_{2y}=-u_2\cos45°+w_2\sin45°=\frac{5}{4}\sqrt{\frac{gh}{2}}$

(6) 運動量の変化が力積であるが，変化したのは斜面に垂直な成分だけであるので

$$mu_2-(-mu_1)=\frac{3}{4}m\sqrt{gh}$$

問題35 難易度：▢▢▢▢▢

図1のようになめらかな水平面上に，点Cを中心とする半径Rのなめらかな半球面をもつ質量$3m$の台が置かれている。台の形状はCを通る鉛直線に対して対称であり，一様な材質の物質でできている。質量mの小球を半球面の端に置き，静かにはなす。重力加速度の大きさをgとする。

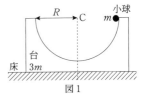
図1

(1) 小球が半球面の最下点を通過するときの小球および台の速度の向きと大きさを求めよ。

(2) このとき台は初めの位置から，どちらにどれだけずれているか求めよ。

(3) 小球は最下点を通過後，半球面の反対の端に到達した。このときの小球および台の速度を求めよ。

(4) このとき台は初めの位置から，どちらにどれだけずれているか求めよ。

設問別難易度：(1), (2), (4) ▢▢▢▢▢　(3) ▢▢▢▢▢

Point 1 重心の位置と速度 ≫ (2), (4)

質量m_1, m_2, … の物体からなる物体系の重心の位置(x_G, y_G)は，それぞれの物体の位置を(x_1, y_1), (x_2, y_2), … として

$$x_G = \frac{m_1 x_1 + m_2 x_2 + \cdots}{m_1 + m_2 + \cdots} \quad, \quad y_G = \frac{m_1 y_1 + m_2 y_2 + \cdots}{m_1 + m_2 + \cdots}$$

また，物体の速度がそれぞれ$\vec{v_1}$, $\vec{v_2}$, … のとき，重心の速度$\vec{v_G}$は

$$\vec{v_G} = \frac{m_1 \vec{v_1} + m_2 \vec{v_2} + \cdots}{m_1 + m_2 + \cdots}$$

となる。

Point 2 運動量が保存するときの重心の運動 ≫ (2), (4)

$\vec{v_G}$の式の分子は，物体系の運動量の和である。ゆえに，運動量が保存するとき重心の速度は変化しない。つまり，運動量保存則が成り立つとき，重心は静止または等速直線運動をする。

本問では，初め，台と小球は静止しているので，台と小球の重心は静止している。また，水平方向の運動量が保存するので，重心の水平方向の位置は変化しない。

解答 **(1)** 最下点を通過するときの，小球と台の速さをそれぞれ v，V とする。小球が最下点に達するまで，小球には台から左向き，台には小球から右向きの垂直抗力がはたらくので，小球は左向き，台は右向きの速度をもつ。台と小球からなる物体系の**水平方向の運動量保存則**より，右向きを正として

$$0 = -mv + 3mV \quad \cdots ①$$

物体系全体の力学的エネルギー保存則より

$$mgR = \frac{1}{2}mv^2 + \frac{1}{2} \times 3mV^2 \quad \cdots ②$$

①，②式を解いて，v，V を求めると

$$v = \sqrt{\frac{3gR}{2}} \quad , \quad V = \sqrt{\frac{gR}{6}}$$

ゆえに　　小球：水平左向き，速さ $\sqrt{\dfrac{3gR}{2}}$

　　　　　台　：水平右向き，速さ $\sqrt{\dfrac{gR}{6}}$

(2) 初めの状態で C を通る鉛直線上の一点を原点 O として，水平右向きに床に固定した x 軸をとる。台の重心の水平位置は台の中央（C を通る鉛直線上）である。初め，台と小球からなる物体系の重心の水平の位置 x_G は，図 2 (A) のように

$$x_G = \frac{mR}{m+3m} = \frac{R}{4}$$

で，このとき台も小球も静止しているので，重心も静止している。水平方向の運動量が保存するので，物体系の重心の速度の水平成分は 0 で，重心の水平位置は変わらない（重心の鉛直方向の位置は変化する）。

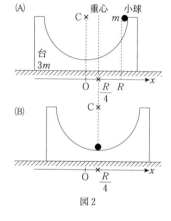

図 2

図 2 (B) のように，小球が最下点に来たときの点 C の水平座標（台の移動量）を x とすると，小球の位置も x である。物体系の重心が移動していないことより

$$x_G = \frac{R}{4} = \frac{(m+3m)x}{m+3m} \qquad \therefore \quad x = \frac{R}{4}$$

ゆえに，台は水平右向きに $\dfrac{R}{4}$ だけ移動する。

(**3**) 小球が反対の端に到達したとき，最下点からの高さは R である。力学的エネルギー保存則より，小球と台の運動エネルギーの和は 0，ゆえに，速度も 0 である。

小球：0 ，　台：0

(**4**) 図3のように，点Cの水平座標を x' とすると，小球の位置は $x'-R$ である。(2)と同様に考えて

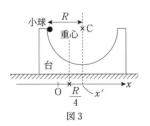

図3

$$x_\mathrm{G}=\frac{R}{4}=\frac{m(x'-R)+3mx'}{m+3m}$$

$$\therefore \quad x'=\frac{R}{2}$$

ゆえに，台は水平右向きに $\dfrac{R}{2}$ だけ移動する。

以下の空欄のア〜コに入る適当な式を答えよ。

図1のようになめらかな水平面上に x 軸、y 軸をとる。x 軸上を原点 O に向かって速さ v_0 で進む質量 m の小球 A が、O で静止していた質量 M の小球 B に衝突した。衝突後、A は速さ v_A、B は速さ v_B で、図1のように x 軸となす角がそれぞれ α、β の向きに進んだ。ただし $0° < \alpha < 90°$、$0° < \beta < 90°$ である。

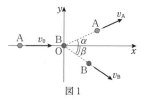

図1

衝突の前後で、A、B の運動量保存則を x 方向、y 方向に分けて考えると

x 方向：$mv_0 = [\qquad ア \qquad]$ …①

y 方向：$0 = [\qquad イ \qquad]$ …②

となる。①、②式より、v_A、v_B を m、M、v_0、α、β のうち必要な文字を用いて表す。加法定理 $\sin(\alpha+\beta) = \sin\alpha\cos\beta + \cos\alpha\sin\beta$ も用いて整理すると

$v_A = [\quad ウ \quad]$ …③ ， $v_B = [\quad エ \quad]$ …④

となる。衝突後の B の速度の向きを X 軸とする。A の衝突前後の速度の X 成分を、それぞれ v_0、α、β のうち必要な文字を用いて表すと、衝突前は［ オ ］、衝突後は［ カ ］である。また、衝突後の B の速度の向きに垂直な方向を Y 軸とすると、衝突前後で A の速度の Y 成分の変化量は［ キ ］である。これより、衝突の際、A にはたらいた力積の大きさを m、M、v_0、α、β のうち必要な文字を用いて表すと［ ク ］となる。

この衝突が弾性衝突である場合を考えよう。衝突前後のエネルギー保存則は

$\dfrac{1}{2}mv_0{}^2 = [\ ケ\ ]$ …⑤ （m、M、v_A、v_B を用いて答えること）

となる。また、$m = M$ の場合、③〜⑤式より

$\alpha + \beta = [\ コ\ ]$

となる。

設問別難易度：ア，イ，ケ 😊😊◻◻◻ ウ〜カ，コ 😊😊😊◻◻ キ，ク 😊😊😊😊◻

2次元衝突 ≫ **ア，イ，ク**

衝突の前後で運動量が保存するが、運動量はベクトルであることを意識すること。直交する2方向（または3方向）に分けて、それぞれ運動量保存則の式を作ればよい。本問では、衝突前に B は静止しているので、衝突時、B は衝突後の速度の方向に力積を受けている。作用・反作用の法則より、A の受ける力積はその逆向きである。そのため A の速度は、この方向のみが変化し、直交方向の速度成分は変化しない。

連立方程式で三角関数を扱うことが多い。$\sin^2\theta+\cos^2\theta=1$ を用いて sin と cos を消去したり, 加法定理 $\sin(\alpha\pm\beta)=\sin\alpha\cos\beta\pm\cos\alpha\sin\beta$, $\cos(\alpha\pm\beta)=\cos\alpha\cos\beta\mp\sin\alpha\sin\beta$ を用いて式を整理したりするなど, 公式を使いこなせるようになること。

解答　ア・イ. 運動量保存則より

$$x\text{ 方向}: mv_0=mv_A\cos\alpha+Mv_B\cos\beta \quad \cdots①$$
$$y\text{ 方向}: 0=mv_A\sin\alpha-Mv_B\sin\beta \quad \cdots②$$

ウ. ①, ②式から v_B を消去するために, ①×$\sin\beta$＋②×$\cos\beta$ を計算する。

$$mv_0\sin\beta=mv_A(\cos\alpha\sin\beta+\sin\alpha\cos\beta)$$

$$\therefore \quad v_A=\frac{v_0\sin\beta}{\cos\alpha\sin\beta+\sin\alpha\cos\beta}=\frac{v_0\sin\beta}{\sin(\alpha+\beta)} \quad \cdots③$$

エ. ③式を②式に代入して v_B を求める。

$$v_B=\frac{mv_A\sin\alpha}{M\sin\beta}=\frac{mv_0\sin\alpha}{M\sin(\alpha+\beta)} \quad \cdots④$$

オ. 図2で, 衝突前の A の速度の X 成分を V_A として

$$V_A=v_0\cos\beta$$

カ. 同様に図2で, 衝突後の A の速度の X 成分を V_A' として

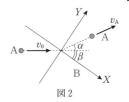

図2

$$V_A'=v_A\cos(\alpha+\beta)=\frac{v_0\sin\beta\cdot\cos(\alpha+\beta)}{\sin(\alpha+\beta)}$$
$$=\frac{v_0\sin\beta}{\tan(\alpha+\beta)}$$

キ. B は初め静止しているので, B が受けた力積の向きは X 軸の正の向きである。作用・反作用の法則より A が受けた力積は X 軸の負の向きなので, X 軸に垂直な Y 方向の速度成分は変化しない。ゆえに, 速度変化は　0

参考　確認のため, Y 軸の正の向きを図2のようにとり, A の速度の Y 成分の変化を求めてみると

$$v_A\sin(\alpha+\beta)-v_0\sin\beta=\frac{v_0\sin\beta}{\sin(\alpha+\beta)}\times\sin(\alpha+\beta)-v_0\sin\beta=0$$

ク. A の速度変化は X 軸の方向だけである。運動量の変化が力積なので, A にはたらいた力積の大きさは

$$|mV_A'-mV_A|$$
$$=\left|m\left(\frac{v_0\sin\beta}{\tan(\alpha+\beta)}-v_0\cos\beta\right)\right|$$

$$= \left| mv_0 \left(\frac{\sin\beta\cos(\alpha+\beta) - \cos\beta\sin(\alpha+\beta)}{\sin(\alpha+\beta)} \right) \right|$$

$$= \left| mv_0 \left(\frac{\sin\beta(\cos\alpha\cos\beta - \sin\alpha\sin\beta) - \cos\beta(\sin\alpha\cos\beta + \cos\alpha\sin\beta)}{\sin(\alpha+\beta)} \right) \right|$$

$$= \left| -\frac{mv_0\sin\alpha}{\sin(\alpha+\beta)} \right| = \frac{mv_0\sin\alpha}{\sin(\alpha+\beta)}$$

別解　作用・反作用の法則より，A にはたらいた力積は，B にはたらいた力積と同じ大きさで向きが逆である。ゆえに

$$|-(Mv_B - 0)| = \left| -\frac{mv_0\sin\alpha}{\sin(\alpha+\beta)} \right| = \frac{mv_0\sin\alpha}{\sin(\alpha+\beta)}$$

ケ．衝突前後でエネルギー保存則より

$$\frac{1}{2}mv_0^2 = \frac{1}{2}mv_A^2 + \frac{1}{2}Mv_B^2 \quad \cdots ⑤$$

コ．③，④式を⑤式に代入し，$M = m$ として

$$\frac{1}{2}mv_0^2 = \frac{1}{2}m\left\{ \frac{v_0\sin\beta}{\sin(\alpha+\beta)} \right\}^2 + \frac{1}{2}m\left\{ \frac{v_0\sin\alpha}{\sin(\alpha+\beta)} \right\}^2$$

$$\sin^2(\alpha+\beta) = \sin^2\beta + \sin^2\alpha$$

加法定理を用いて整理すると

$$(\sin\alpha\cos\beta + \cos\alpha\sin\beta)^2 = \sin^2\beta + \sin^2\alpha$$

$$0 = \sin^2\alpha(1 - \cos^2\beta) - 2\sin\alpha\cos\beta\cos\alpha\sin\beta + \sin^2\beta(1 - \cos^2\alpha)$$

$$= \sin\alpha\sin\beta(\sin\alpha\sin\beta - \cos\alpha\cos\beta)$$

$$= \sin\alpha\sin\beta\cos(\alpha+\beta)$$

$0° < \alpha < 90°$，$0° < \beta < 90°$ より，$\sin\alpha \neq 0$，$\sin\beta \neq 0$ なので

$$\cos(\alpha+\beta) = 0 \quad \therefore \quad \alpha+\beta = 90°$$

円運動

問題37 難易度：⯀⯀⯀▢▢

　図1のように，内面がなめらかな球面（中心 O）を
もつ容器が固定されている。球の鉛直な直径を AB と
して，長さ l の軽い糸の一端を点 A に固定し，他端に
質量 m の小球 P をつるして水平面内で等速円運動をさ
せる。糸が鉛直方向と $30°$ の角をなすとき，糸はたるむ
ことなく，P は球面に接して角速度 ω で水平面内を等
速円運動した。重力加速度の大きさを g として，次の
問いに答えよ。

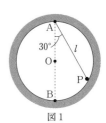

図1

(1) P にはたらく垂直抗力 $\overrightarrow{N}$ と糸の張力 $\overrightarrow{T}$ の向きを矢印で図示せよ。

(2) P にはたらく垂直抗力の大きさを N，糸の張力の大きさを T として円の
中心方向の運動方程式を作れ。

(3) 鉛直方向の力のつり合いの式を作れ。

(4) N と T を，m, l, ω, g を用いてそれぞれ表せ。

(5) P の角速度をゆっくり減少させていくとき，角速度がある一定の値 ω_1 よ
り小さくなると，P は球面を離れる。ω_1 を l, g を用いて表せ。

(6) P の角速度をゆっくり増加させていくとき，角速度がある一定の値 ω_2 を
超えると P が等速円運動する面は上昇を始める。ω_2 を l, g を用いて表せ。

(7) 角速度が $2\omega_2$ のとき，P は B を含む水平面からどれだけの高さの面上で
等速円運動をするか。球の半径を r として，その高さを r を用いて表せ。

設問別難易度：(1)〜(6) ⯀⯀⯀▢▢　(7) ⯀⯀⯀⯀▢

Point　等速円運動 ≫ (1), (2)

　等速円運動の問題を解くには，まず力の図を正確に描くことが大切である。その際，
運動をどの立場で観測しているのかを明確にすること。以下の(A)または(B)の立場で考
えて力の図を描き，それぞれの立場で必要な式を作って解く。

(A)　円運動を外から見る場合

　物体にはたらく力を考え，円の中心方向の合力を考えて運動方程式を作る。円運動

の加速度は円の中心向きで，大きさは半径 r，速さ v，角速度 ω として，$\dfrac{v^2}{r}$ または $r\omega^2$ である。ただし，慣性力である遠心力は含まない。

(B) 一緒に円運動をする観測者から見る場合

慣性力である遠心力を含めて力を考える。質量 m の物体にはたらく遠心力は円の中心から外向きで，大きさは $\dfrac{mv^2}{r}$ または $mr\omega^2$ である。観測者から見て物体は静止しているので，力のつり合いの式を作る。円の中心方向と，必要であれば直交方向につり合いの式を作るとよい。

解答 (1) 面からの垂直抗力は球の中心向きに，張力は糸と平行にはたらくので，図2のようになる。

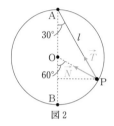

図2

(2) 円運動の半径は $l\sin30° = \dfrac{l}{2}$ である。垂直抗力は鉛直から $60°$，張力は鉛直から $30°$ の向きなので，それぞれ分解して，円の中心方向の運動方程式を作ると

$$m \times \frac{l}{2} \times \omega^2 = N\sin60° + T\sin30°$$

$$\frac{ml\omega^2}{2} = \frac{\sqrt{3}}{2}N + \frac{T}{2} \quad \cdots①$$

(3) 鉛直方向には，重力もはたらく。鉛直方向に小球は動かないので，力のつり合いの式は

$$0 = N\cos60° + T\cos30° - mg$$

$$0 = \frac{N}{2} + \frac{\sqrt{3}}{2}T - mg \quad \cdots②$$

(4) ①，②式から N, T を求めると

$$N = m\left(\frac{\sqrt{3}}{2}l\omega^2 - g\right) \quad \cdots③$$

$$T = m\left(\sqrt{3}g - \frac{l\omega^2}{2}\right) \quad \cdots④$$

別解 一緒に円運動をする観測者から見て，力を考えて解く。この場合，遠心力は水平で，大きさ $\dfrac{ml\omega^2}{2}$ である。円の中心方向＝水平方向の力のつり合いより

$$N\sin60° + T\sin30° - \frac{ml\omega^2}{2} = 0 \quad \cdots①'$$

鉛直方向の力のつり合いの式は、②式のままである。①′、②式より

$$N = m\left(\frac{\sqrt{3}}{2}l\omega^2 - g\right) \quad , \quad T = m\left(\sqrt{3}\,g - \frac{l\omega^2}{2}\right)$$

(5) ③式より、ω を小さくすると N は小さくなる。$\omega = \omega_1$ で $N = 0$ となり、さらに小さくすると、P は球面から離れる。ゆえに

$$N = m\left(\frac{\sqrt{3}}{2}l\omega_1{}^2 - g\right) = 0 \quad \therefore \quad \omega_1 = \sqrt{\frac{2g}{\sqrt{3}\,l}}$$

(6) ④式より、ω を大きくすると T は小さくなる。$\omega = \omega_2$ で $T = 0$ となり、さらに大きくすると、糸がたるむ。ゆえに

$$T = m\left(\sqrt{3}\,g - \frac{l\omega_2{}^2}{2}\right) = 0 \quad \therefore \quad \omega_2 = \sqrt{\frac{2\sqrt{3}\,g}{l}}$$

(7) 球の半径 r と糸の長さ l の関係は

$$l = 2r\cos30° = \sqrt{3}\,r$$

より、ω_2 は

$$\omega_2 = \sqrt{\frac{2\sqrt{3}\,g}{l}} = \sqrt{\frac{2g}{r}}$$

角速度が $2\omega_2$ のとき、(6)の結果より、糸がたるんだ状態である。図3のように、P は、C を中心として D を通る水平面内で円運動をし、$\angle\mathrm{COD} = \theta$ とする。円運動の半径は $r\sin\theta$ である。P にはたらく垂直抗力の大きさを N' とすると、水平方向の円運動の運動方程式は

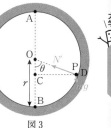

図3

$$mr\sin\theta \cdot (2\omega_2)^2 = N'\sin\theta \quad \cdots⑤$$

鉛直方向の力のつり合いより

$$0 = N'\cos\theta - mg \quad \cdots⑥$$

⑤、⑥式より $\cos\theta$ を求める。ω_2 も代入して

$$\cos\theta = \frac{g}{4r\omega_2{}^2} = \frac{1}{8}$$

これより、B から C までの高さは

$$r(1 - \cos\theta) = \frac{7}{8}r$$

重要

水平面に対して傾き角 α $\left(0<\alpha<\dfrac{\pi}{2}\right)$ のなめ
らかな斜面がある。図のように，斜面上の点 C
に長さ L の軽い糸の一端を固定し，糸の他端に
質量 m の小球 P を取りつける。小球 P に，斜面
上で点 C を中心として，反時計回りに半径 L の
円運動をさせる。最下点 A を通る瞬間の小球 P
の速さは v_A である。糸は伸び縮みしないものと
し，重力加速度の大きさを g とする。

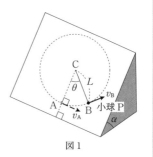

図1

小球 P が最下点 A を通る瞬間について考える。

(1) 小球 P にはたらく重力の CA 方向の成分 S_A を，C から A の向きを正と
   して g, m, α を用いて表せ。
(2) 小球 P が斜面から受ける垂直抗力の大きさ N_A を g, m, α を用いて表せ。
(3) 糸の張力の大きさ T_A を m, g, L, v_A, α を用いて表せ。

小球 P が最下点 A から角度 θ だけ回転した位置を点 B とする。小球 P が
点 B を通る瞬間について考える。

(4) 小球 P にはたらく重力の CB 方向の成分 S_B を，C から B の向きを正と
   して g, m, α, θ を用いて表せ。
(5) 小球 P が斜面から受ける垂直抗力の大きさ N_B を g, m, α を用いて表せ。
(6) 小球 P の速さ v_B を g, L, v_A, θ, α を用いて表せ。
(7) 糸の張力の大きさ T_B を m, g, L, v_A, θ, α を用いて表せ。
(8) 張力 T_B が最小値となるときの θ の値を $0\leqq\theta<2\pi$ の範囲で示せ。また，
   張力の最小値 $T_{\min}$ を m, g, L, v_A, α を用いて表せ。
(9) 糸がたるむことなく小球 P は円運動をしている。速さ v_A が満たしている
   条件を g, L, α を用いて表せ。

Point ┊ 斜面上での円運動　≫　(1), (3), (4), (6), (7)

本問の斜面上では，小球の運動状態にかかわらず，小球には斜面の傾斜方向に重力
の分力 $mg\sin\alpha$ が常にはたらく。一方，鉛直面内の円運動では常に重力 mg がはた
らく。本問の円運動は，鉛直面内の円運動と比較すると，重力加速度が $g\sin\alpha$ の面
内で円運動をしていると考えればよいことがわかる。

解答 (1) 図2のように，斜面の真横から見る。重力の
C から A 向きの成分 S_A は

$$S_A = mg\sin\alpha$$

（最下点に限らず，P にはたらく重力の斜面に
平行な成分は，C→A 向きに $mg\sin\alpha$ である。）

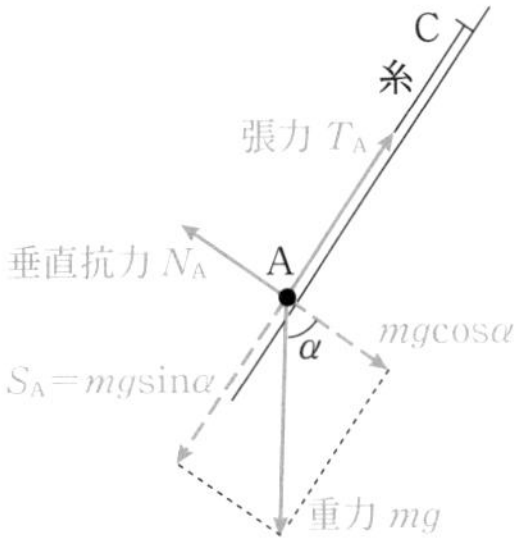

(2) P の運動は斜面内に限られるので，斜面に垂
直な方向には力がつり合っている。

$$N_A - mg\cos\alpha = 0 \quad \therefore \quad N_A = mg\cos\alpha$$

(3) 円の中心向き（A→C 向き）に，円運動の
運動方程式を作ると

$$m\frac{v_A{}^2}{L} = T_A - S_A \quad \therefore \quad T_A = m\frac{v_A{}^2}{L} + S_A = m\left(\frac{v_A{}^2}{L} + g\sin\alpha\right)$$

(4) 斜面に正対した立場で力を描くと，図
3 のようになる。重力の斜面に平行な成
分の大きさは $mg\sin\alpha$ なので，CB 方向
の成分 S_B は

$$S_B = mg\sin\alpha\cos\theta$$

(5) (2)と同様に，斜面に垂直な方向の力の
つり合いより

$$N_B = mg\cos\alpha$$

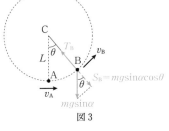

図2

図3

(6) A を基準として B の高さは $L(1-\cos\theta)\sin\alpha$ である。力学的エネルギー
保存則より

$$\frac{1}{2}mv_A{}^2 = \frac{1}{2}mv_B{}^2 + mgL(1-\cos\theta)\sin\alpha$$

$$\therefore \quad v_B = \sqrt{v_A{}^2 - 2gL\sin\alpha(1-\cos\theta)}$$

参考　斜面内では重力加速度を $g\sin\alpha$ とし，B は A より $L(1-\cos\theta)$ だ
け高いと考えて力学的エネルギー保存則と同じ式を考えてもよい。

(7) 円の中心向き（B→C 向き）に円運動の運動方程式を作る。

$$m\frac{v_B{}^2}{L} = T_B - S_B$$

$$\therefore \quad T_B = m\frac{v_B{}^2}{L} + S_B$$

$$= m\frac{v_A{}^2 - 2gL\sin\alpha(1-\cos\theta)}{L} + mg\sin\alpha\cos\theta$$

$$= m\left\{\frac{v_A{}^2}{L} + g\sin\alpha(3\cos\theta - 2)\right\} \quad \cdots\text{①}$$

(8) ①式より，$0 \leq \theta < 2\pi$ の範囲で $\cos\theta$ が最小になるとき，T_B も最小になることがわかる。ゆえに，T_B が最小になるのは　$\theta = \pi$

また，T_B の最小値 $T_{\min}$ は，①式に $\theta = \pi$ を代入して

$$T_{\min} = m\left\{\frac{v_A{}^2}{L} + g\sin\alpha(3\cos\pi - 2)\right\} = m\left(\frac{v_A{}^2}{L} - 5g\sin\alpha\right) \quad \cdots ②$$

(9) 糸がたるまないためには，張力が最小のときでも 0 以上であればよいので，②式より

$$T_{\min} = m\left(\frac{v_A{}^2}{L} - 5g\sin\alpha\right) \geq 0 \qquad \therefore \quad v_A \geq \sqrt{5gL\sin\alpha}$$

以下の空欄のア〜コに入る適切な式を答えよ。

右図のように水平でなめらかな板に小さな穴 O を開け軽いひもを通し，その両端にそれぞれ質量 m の小球 A，B を取りつけた。ただし，ひもと小さな穴との間に摩擦はないものとする。また重力加速度の大きさを g とする。

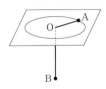

(1) 小球 A にある初速を与え，O を中心に半径 a，速さ v_0 の等速円運動を行わせたところ，小球 B は静止したままであった。ひもの張力の大きさを T とすると，小球 A の運動方程式は［　ア　］であり，小球 B のつり合いの式は［　イ　］である。よって，小球 A の速さ v_0 を a と g を用いて表すと［　ウ　］である。

(2) いま小球 B を手で下方にゆっくりと b（$b<a$）だけ引き下げたところ，小球 A の運動は速さ v の等速円運動に変わった。この過程で小球 A にはたらく力は中心 O に向かっているため，小球 A に対して O を中心として回転させる力にはならない。この場合，小球 A の動径 OA が単位時間に描く面積（面積速度）は，速さが v_0 の等速円運動から速さ v の等速円運動に変わっても変化しない。小球 A の速さが v_0 のときの面積速度は［　エ　］$\times v_0$ であり，小球 B を下方に b だけ引き下げたときの小球 A の面積速度は［　オ　］$\times v$ である。よって，小球 B を b だけ引き下げたときの小球 A の速さ v は［　カ　］$\times v_0$ となる。このとき，ひもの張力の大きさは［　キ　］$\times mg$ であり，手が小球 B を下方に引いている力は（［　ク　］-1）mg である。

(3) 小球 B を b だけ下方に引き下げたとき，手のした仕事は

$$\frac{［　ケ　］\times(3a-2b)mg}{2}$$ である。いま引き下げた距離 b が $\dfrac{a}{2}$，小球 A の運動エネルギーの増加を ΔE とすると，手のした仕事は［　コ　］$\times \Delta E$ である。

設問別難易度：ア〜ウ ◻◻◻◻◻　エ〜ク ◻◻◻◻◻　ケ，コ ◻◻◻◻◻

Point 面積速度一定の法則 ≫ エ〜カ

ケプラーの第2法則＝面積速度一定の法則は，惑星の運動以外でも成り立つ場合がある。本問のように，常にある1点（この問題では点 O）と物体とを結ぶ方向に力がはたらくとき（このような力を中心力という），面積速度は一定となる。なお，力の向きは，本問と逆に，外向きでも構わない。半径 r，速さ v の円運動の面積速度は $\dfrac{1}{2}rv$ である。

解答 ア．中心 O 向きの力は張力 T だけである。A の円運動の運動方程式より

$$m\frac{v_0{}^2}{a}=T \quad \cdots ①$$

イ．B は静止している。B にはたらく力の鉛直方向のつり合いより

$$T-mg=0 \quad \cdots ②$$

ウ．①，②式より T を消去して

$$v_0=\sqrt{ga} \quad \cdots ③$$

エ．半径 a，速さ v_0 なので，面積速度は $\dfrac{1}{2}a\times v_0$

オ．半径が $a-b$，速さ v となるので，エと同様に考えて $\dfrac{1}{2}(a-b)\times v$

カ．面積速度一定の法則が成り立つので

$$\frac{1}{2}av_0=\frac{1}{2}(a-b)v \qquad \therefore \quad v=\frac{a}{a-b}\times v_0 \quad \cdots ④$$

キ．ひもの張力の大きさを T' とする。A の円運動の運動方程式より

$$m\frac{v^2}{a-b}=T' \qquad \therefore \quad T'=\frac{mv^2}{a-b}=\frac{ma^2}{(a-b)^3}v_0{}^2$$

③式の v_0 を代入して

$$T'=\left(\frac{a}{a-b}\right)^3\times mg$$

ク．手が引く力の大きさを F として，B にはたらく力の鉛直方向のつり合いより

$$T'-mg-F=0 \qquad \therefore \quad F=T'-mg=\left\{\left(\frac{a}{a-b}\right)^3-1\right\}mg$$

ケ．B を引き下げる間，A，B にはたらく張力の大きさは常に同じで，仕事は A には正，B には負で大きさは同じとなるので，仕事の和は 0 になる。ゆえに，手が引く力がした仕事の分だけ A，B 全体の力学的エネルギーが変化する。手が引く力がした仕事を W とすると

$$W=\left(\frac{1}{2}mv^2-mgb\right)-\frac{1}{2}mv_0{}^2$$

④式の v，③式の v_0 を代入して

$$W=\frac{1}{2}m\left(\frac{a}{a-b}v_0\right)^2-mgb-\frac{1}{2}mv_0{}^2=\frac{b^2(3a-2b)}{2(a-b)^2}mg$$

$$=\frac{\left(\dfrac{b}{a-b}\right)^2\times(3a-2b)mg}{2} \quad \cdots ⑤$$

コ．④式に $b=\dfrac{a}{2}$ を代入して

$$v=\dfrac{a}{a-\dfrac{a}{2}}v_0=2v_0$$

これより運動エネルギーの増加 $\varDelta E$ は，③式の v_0 も代入して

$$\varDelta E=\dfrac{1}{2}mv^2-\dfrac{1}{2}mv_0{}^2=\dfrac{3}{2}mv_0{}^2=\dfrac{3}{2}mga$$

⑤式に $b=\dfrac{a}{2}$ を代入して

$$W=\dfrac{\left(\dfrac{a}{2}\right)^2\left(3a-2\times\dfrac{a}{2}\right)mg}{2\left(a-\dfrac{a}{2}\right)^2}=mga=\dfrac{2}{3}\times\varDelta E$$

難易度：🗨🗨🗨🗨

　図のように，直線と半径 r の
円弧からなる軌道を考える。円弧
は点 C，E，F で軌道の直線部分
となめらかにつながっている。初
速度 0 で点 A から質量 m の球が
斜面に沿ってすべり落ちるとき，
球は軌道に沿って摩擦なしで運動
する。点 B，F，H は水平線上に

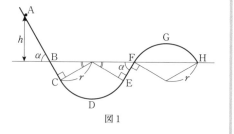

図1

あり，直線部分 AB は水平線と角度 α をなす。重力加速度を g とし，球の半径
は十分小さいとする。

(1)　この球が軌道から受ける最大の抗力を求めよ。

(2)　出発点 A での球の高さ h がある値 h_0 を超えると，球が運動の途中で軌道
　　から浮き上がる。h_0 を求めよ。

(3)　$h > h_0$ のとき，球が軌道から浮き上がり，点 H に落下した。このときの
　　h の値を求めよ。

(4)　高さ h を適当に選んで，球が軌道から浮き上がらずに点 G に到達するた
　　めには，角度 α がある条件を満たすことが必要である。この条件を求めよ。

⟩設問別難易度：(1) 🗨🗨🗨🗨🗨　(2)〜(4) 🗨🗨🗨🗨🗨

Point　**全体を見通して考える** ≫ (1), (2)

　本問では，まず最初に，軌道から受ける力がどこで最大，最小になるかを考えるこ
とが必要である。いろいろな位置で，球が軌道から受ける力を考えてみて，簡単に式
を作ってみる。その上で，各小問を解いてみよう。

解答　C→E 間と F→H 間で，球
　　　にはたらく垂直抗力の大きさ
　　　N について考える。図 2 の
　　　ように C→E 間に点 P をと
　　　り，円弧 CE の中心を O と
　　　して，∠DOP$=\theta$ とする。P
　　　での速さを v，P で球が軌道
　　　から受ける垂直抗力の大きさ
　　　を N とすると，遠心力を含めて，円の半径方向の力のつり合いより

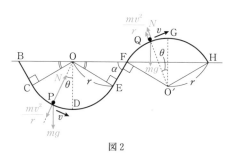

図2

$$N - mg\cos\theta - \frac{mv^2}{r} = 0 \qquad \therefore \quad N = \frac{mv^2}{r} + mg\cos\theta$$

D に近いほど v も $\cos\theta$ も大きくなるので，この式より，N は大きくなり，垂直抗力は D で最大となることがわかる。また，CE 間では垂直抗力は必ず正の値をとり，浮き上がることはないこともわかる。

次に F→H 間について考える。図 2 のように円弧 FH の中心を O′ として，∠GO′Q=θ となる点 Q を考える。Q での速さを v，Q で球が軌道から受ける垂直抗力の大きさを N とすると，同様に

$$N + \frac{mv^2}{r} - mg\cos\theta = 0 \qquad \therefore \quad N = mg\cos\theta - \frac{mv^2}{r}$$

F に近いほど $\cos\theta$ は小さく，v は大きくなるので，この式より，N は小さくなることがわかる。ゆえに，垂直抗力は F で最小で，F で浮き上がらなければ他の点では浮き上がることはない。

(1) 垂直抗力が最大となる点は D である。D での球の速さを v_D として，力学的エネルギー保存則より

$$mg(h+r) = \frac{1}{2}mv_D{}^2 \quad \cdots ①$$

D での垂直抗力の大きさを N_D とすると，遠心力を含めて，円の半径方向（鉛直方向）の力のつり合いより

$$N_D - mg - \frac{mv_D{}^2}{r} = 0 \quad \cdots ②$$

①，②式より

$$N_D = mg + \frac{mv_D{}^2}{r} = \frac{mg(3r+2h)}{r}$$

(2) 垂直抗力が最小となる点は F なので，F で垂直抗力が 0 のとき，球は浮き上がる。F での球の速さを v_F として，力学的エネルギー保存則より

$$mgh = \frac{1}{2}mv_F{}^2 \quad \cdots ③$$

F での垂直抗力の大きさを N_F とすると，球にはたらく力は図 3 のようになる。遠心力を含めて，円の半径方向の力のつり合いより

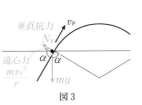

図 3

$$N_F - mg\cos\alpha + \frac{mv_F{}^2}{r} = 0 \quad \cdots ④$$

③，④式より

$$N_F = mg\cos\alpha - \frac{mv_F{}^2}{r} = mg\left(\cos\alpha - \frac{2h}{r}\right)$$

球は $N_F=0$ のとき浮き上がる。このときの h が h_0 である。ゆえに

$$mg\left(\cos\alpha-\frac{2h_0}{r}\right)=0 \qquad \therefore \quad h_0=\frac{1}{2}r\cos\alpha$$

(3) 球が軌道から浮き上がり H に落下するとき，
図 4 のように，F で初速度 v_F，水平から角 α
の斜方投射となる。③式より

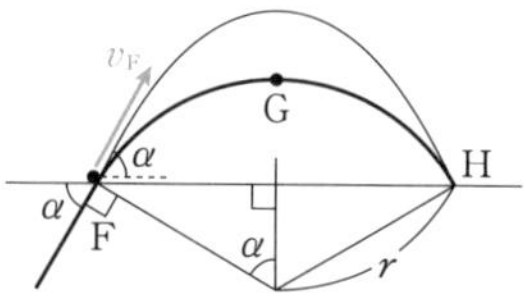

$$v_F=\sqrt{2gh}$$

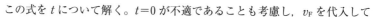

図 4

H に落下するまでの時間を t とすると

$$v_F\sin\alpha\cdot t-\frac{1}{2}gt^2=0$$

この式を t について解く。$t=0$ が不適であることも考慮し，v_F を代入して

$$t=\frac{2v_F\sin\alpha}{g}=\frac{2\sin\alpha\sqrt{2gh}}{g}$$

FH 間の水平距離は $2r\sin\alpha$ であるので

$$2r\sin\alpha=v_F\cos\alpha\cdot t$$

v_F，t を代入して h を求めると

$$2r\sin\alpha=\sqrt{2gh}\cos\alpha\times\frac{2\sin\alpha\sqrt{2gh}}{g} \qquad \therefore \quad h=\frac{r}{2\cos\alpha}$$

(4) 次の 2 つの条件を満たす必要がある。

$\begin{cases}(\mathrm{i}) & \text{F で面から離れない。}\\(\mathrm{ii}) & \text{G に到達する。}\end{cases}$

(i) F で面から離れない条件は，h が(2)の h_0 以下である。すなわち

$$h\leqq\frac{1}{2}r\cos\alpha$$

(ii) 球が G に到達するためには，A の高さが G の高さ以上でなければならない。

$$h\geqq r(1-\cos\alpha)$$

以上，2 つの条件を満たす h が存在しなければならない。そのためには

$$r(1-\cos\alpha)\leqq\frac{1}{2}r\cos\alpha \qquad \therefore \quad \cos\alpha\geqq\frac{2}{3}$$

　図1に示すように，水平な床の上に質量 M の台車が置かれている。台車上面の中央に，鉛直な支柱に支持された水平な棒があり，棒の中央 O から大きさが無視できる質量 m の小球が，長さ l のひもでつるされている。支柱と棒とひもの質量は無視できる。支柱の高さは l より大きく，小球は最下点で

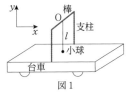
図1

も台車と接触しない。図1のように台車の長さ方向に水平に x 軸，鉛直上向きに y 軸をとる。重力加速度の大きさを g とする。

Ⅰ．初め，台車に水平方向の力を加えて動かないようにした。図2に示すように，xy 平面内でひもが水平に張られる点 A まで小球を持ち上げる。その後，静かに小球をはなすと，小球は xy 平面内で円運動をする。ひもが鉛直線とな

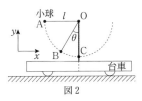
図2

す角が θ のときの小球の位置を点 B，小球の軌道の最下点を点 C とする。

(1)　小球が点 B を通過するときの，ひもの張力の大きさを求めよ。また，このとき台車に加えている x 方向の力を求めよ。

(2)　小球が最下点 C を通過するとき，台車が床から受けている垂直抗力（各車輪が床から受ける力の和）の大きさを求めよ。

(3)　台車に加えている x 方向の力が最大となるのは，θ がいくらのときか。また，その値を求めよ。

Ⅱ．次に，台車が床上を自由に動けるようにする。同様に小球を点 A まで持ち上げ，台車と小球が静止した状態で静かにはなす。小球は xy 平面内で運動し，台車は x 軸に沿った方向にのみ運動する。小球が初めて最下点を通過するときについて考える。

(4)　小球と台車の速度をそれぞれ求めよ。

(5)　台車の加速度を求めよ。

(6)　ひもの張力を求めよ。

設問別難易度：(1)～(5) ▢▢▢▢▢　(6) ▢▢▢▢▢

Point ｜ 動く観測者から見た円運動 ≫ (5), (6)

　本問のⅡでは，台車上で見ると小球の運動の軌跡は円だが，台車も運動するので，床から見ると小球の運動の軌跡は円にはならない。地上から見ると，小球の速度と半径（軌道上のある点での曲率半径）が変化するので，円運動の方程式や遠心力の公式

は使えない。円運動として解く場合は台車上で観測すること。その場合，速度は，台車に対する小球の相対速度を用いる。また，台車はひもの張力により水平方向の加速度をもつので，小球にはたらく慣性力を考える必要がある。ただし，唯一，最下点では台車には水平方向に力がはたらかず，台車は加速度をもたないので，慣性力を考える必要がない。

解答 (1) 小球が点Bを通過するときの速さをv_Bとする。力学的エネルギー保存則より

$$0=\frac{1}{2}mv_B{}^2-mgl\cos\theta \quad \therefore \quad v_B=\sqrt{2gl\cos\theta}$$

ひもの張力の大きさをTとする。円運動の運動方程式より

$$\frac{mv_B{}^2}{l}=T-mg\cos\theta$$

$$\therefore \quad T=\frac{mv_B{}^2}{l}+mg\cos\theta=3mg\cos\theta \quad \cdots \text{①}$$

図3のように，台車に加えたx方向の力をFとする。また，Oで糸からの張力がはたらく。
x方向の力のつり合いより

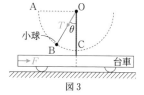

図3

$$F-T\sin\theta=0$$

$$\therefore \quad F=T\sin\theta=3mg\sin\theta\cos\theta$$

$$=\frac{3}{2}mg\sin2\theta \quad \cdots \text{②}$$

(2) $\theta=0°$であるので，ひもの張力の大きさは①式より

$$T=3mg$$

台車にはたらく床からの垂直抗力の大きさをRとする。台車にはたらく力の鉛直方向のつり合いより

$$R-Mg-T=0 \quad \therefore \quad R=Mg+T=(M+3m)g$$

(3) ②式より，Fが最大となるのは$\sin2\theta=1$のとき，すなわち$\theta=45°$のときである。また，そのときのFの値は

$$F=\frac{3}{2}mg\sin90°=\frac{3}{2}mg$$

(4) 小球がCを通過するときの小球の速度をv，台車の速度をVとする。運動量保存則より

$$0=mv+MV$$

また，力学的エネルギー保存則より

$$mgl = \frac{1}{2}mv^2 + \frac{1}{2}MV^2$$

これら 2 式を解く。小球と台車にはたらく力のうち，水平方向の成分をもつのはひもの張力だけなので，小球が初めて最下点を通過するまでは，小球は x 正方向，台車は x 負方向に動き，最下点で $v>0$，$V<0$ であることも考慮して

$$v = \sqrt{\frac{2Mgl}{M+m}} \quad , \quad V = -m\sqrt{\frac{2gl}{M(M+m)}}$$

(5) 小球が最下点を通過する瞬間，台車には x 方向の成分をもつ力がはたらかない。ゆえに，加速度は 0 である。

(6) 台車上で小球を見ると，半径 l の円運動をする。また，最下点では台車の加速度が 0 であるので，台車から見て慣性力ははたらかない。台車から見た小球の相対速度を u とすると

$$u = v - V = \sqrt{\frac{2Mgl}{M+m}} - \left(-\frac{m}{M}\sqrt{\frac{2Mgl}{M+m}}\right) = \sqrt{\frac{2(M+m)gl}{M}}$$

ひもの張力を T' とすると，台車上で見た円運動の運動方程式より

$$\frac{mu^2}{l} = T' - mg$$

$$\therefore \quad T' = \frac{mu^2}{l} + mg = \frac{(3M+2m)mg}{M}$$

注意 台車が動くので，床から見ると，小球の運動は円運動ではない。小球の運動の軌跡は円ではなく，最下点でこの軌跡に内接する円を考えても，半径は l ではない。ゆえに，床から見て円運動として解くことはできない。

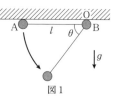

図1

　質量 m の小球 A，B が長さ l のひもの両端につながれている。図1のように水平な天井に小球 A，B を l だけ離して固定した。小球 B を固定した点を O とし，重力加速度の大きさを g とする。小球 A，B の大きさ，ひもの質量，および空気抵抗は無視できるものとする。

Ⅰ. 小球 B を固定したまま小球 A を静かにはなした。

(1)　ひもと天井がなす角度を θ とする。小球 A の速さを θ を用いて表せ。ただし，$0 \leqq \theta \leqq \dfrac{\pi}{2}$ とする。

(2)　小球 A が最下点 $\left(\theta = \dfrac{\pi}{2}\right)$ に達したときのひもの張力の大きさを求めよ。

(3)　小球 A が最下点 $\left(\theta = \dfrac{\pi}{2}\right)$ に達したときの小球 A の加速度の大きさと向きを求めよ。

Ⅱ. 小球 A が初めて最下点 $\left(\theta = \dfrac{\pi}{2}\right)$ に達したときに小球 B を静かにはなした。この時刻を $t = 0$ とする。

(4)　2個の小球の重心を G とする。小球 B をはなした後の重心 G の加速度の大きさと向きを求めよ。

(5)　時刻 $t = 0$ における，重心 G に対する小球 A，B の相対速度の大きさと向きをそれぞれ求めよ。

(6)　時刻 $t = 0$ における，ひもの張力の大きさを求めよ。

(7)　時刻 $t = 0$ における，小球 A，B の加速度の大きさと向きをそれぞれ求めよ。

(8)　小球 B をはなしてから，初めて小球 A と小球 B の高さが等しくなる時刻を求めよ。

(9)　小球 B をはなした後の時刻 t における小球 A の水平位置を求めよ。ただし，点 O を原点とし，右向きを正とする。

⁝設問別難易度：(1)⊠⊠☐☐☐　(2)〜(5)⊠⊠⊠☐☐　(6)〜(9)⊠⊠⊠⊠☐

Point｜**重心の運動** ≫ (4)〜(9)

　大きさのある物体を投げたとき，重心の運動は，物体の質量が重心に集中した質点の運動と同じである。したがって，本問のⅡのように，A と B をつないだ物体の重

心は水平投射となる。重心の加速度は鉛直下向きに大きさ g であるので，重心から見ると質量 m の物体には鉛直上向きに大きさ mg の慣性力がはたらき，重力 mg との合力が 0 となる。ゆえに，本問では，重心から見ると，2 つの小球にはひもの張力だけがはたらく円運動をすると考えてよい。

解答 (1) A の速さを v とする。力学的エネルギー保存則より

$$0 = \frac{1}{2}mv^2 - mgl\sin\theta \qquad \therefore \quad v = \sqrt{2gl\sin\theta} \quad \cdots ①$$

(2) 最下点に到達したときの A の速さを v_0 とする。①式に $\theta = \dfrac{\pi}{2}$ を代入して

$$v_0 = \sqrt{2gl}$$

A は半径 l の円運動をしている。張力の大きさを T_0 として，円運動の運動方程式より

$$\frac{mv_0{}^2}{l} = T_0 - mg \qquad \therefore \quad T_0 = \frac{mv_0{}^2}{l} + mg = 3mg$$

(3) A にはたらく力は，ひもからの張力と重力のみで，その合力は鉛直上向きである。ゆえに，鉛直上向きの加速度をもつ。鉛直上向きの加速度を a として，運動方程式より

$$ma = T_0 - mg = 2mg \qquad \therefore \quad a = 2g$$

これより加速度は　　大きさ：$2g$ ，　向き：鉛直上向き

別解 A は速さ v_0，半径 l の円運動をしているので，加速度の向きは円の中心向き＝鉛直上向き，大きさは $\dfrac{v_0{}^2}{l} = 2g$

(4) 物体系の重心は，物体系の質量が重心に集中したと考えたときの運動をする。ゆえに，重心の加速度は　　大きさ：g ，　向き：鉛直下向き

(5) 時刻 $t=0$ で，A の速度は水平右向き v_0，B の速度は 0 である。ゆえに，重心の速度を v_G とすると，v_G も水平右向きで

$$v_G = \frac{mv_0 + m \times 0}{m + m} = \frac{v_0}{2}$$

A，B の重心に対する相対速度を水平右向きを正として求めると

$$\text{A}：v_0 - \frac{v_0}{2} = \frac{v_0}{2} = \sqrt{\frac{gl}{2}} \qquad \text{水平右向きに速さ } \sqrt{\frac{gl}{2}}$$

$$\text{B}：0 - \frac{v_0}{2} = -\frac{v_0}{2} = -\sqrt{\frac{gl}{2}} \qquad \text{水平左向きに速さ } \sqrt{\frac{gl}{2}}$$

(6) 重心から A，B の運動を見る。重心の加速度は，鉛直下向きに g なので，A，B にはそれぞれ鉛直上向きに大きさ mg の慣性力がはたらく。A，B に

は大きさ mg の重力もはたらくので，慣性力と重力の和は 0 となる。つまり，重心から見ると，図 2 のように，A，B にはたらく力はひもからの張力だけで，この張力により，半径 $\dfrac{l}{2}$，速さ $\dfrac{v_0}{2}$ の等速円運動をすると考えればよい。ひもの張力の大きさを T として，円運動の運動方程式より

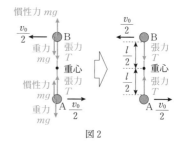

図 2

$$\frac{m\left(\dfrac{v_0}{2}\right)^2}{\dfrac{l}{2}} = T$$

$$\therefore \quad T = \frac{mv_0{}^2}{2l} = mg$$

なお，A，B が回転しても，**重心から見ると重力と慣性力の関係は変わらず合力は 0 なので，張力のみがはたらく等速円運動であると考えられる。**

(7) 地上から見ると，A，B にはたらく力は図 3 のようになる。$T = mg$ より，A にはたらく力はつり合っているので，A の加速度は 0 である。B の鉛直下向きの加速度を a_B とすると，鉛直方向の運動方程式より

$$ma_B = mg + T \quad \therefore \quad a_B = \frac{mg + T}{m} = 2g$$

よって

A：0 　　B：大きさ $2g$ ，　鉛直下向き

(8) 重心から見ると，A，B の運動は重心を中心とする速さ $\dfrac{v_0}{2}$ の等速円運動で，$t = 0$ の位置から $\dfrac{1}{4}$ 周すれば，A と B の高さは同じになる。ゆえに，その時刻を t_1 とすると

$$t_1 = \frac{\dfrac{1}{4} \times 2\pi \times \dfrac{l}{2}}{\dfrac{v_0}{2}} = \frac{\pi l}{2 v_0} = \frac{\pi}{2}\sqrt{\frac{l}{2g}}$$

(9) 地上から見て重心は速さ v_G で水平投射されるので，重心の水平位置を X_G とすると

$$X_G = v_G t = \frac{v_0 t}{2} = \sqrt{\frac{gl}{2}}\, t$$

重心から見た円運動の角速度を ω とすると

$$\omega = \frac{\dfrac{v_0}{2}}{\dfrac{l}{2}} = \frac{v_0}{l} = \sqrt{\frac{2g}{l}}$$

重心を原点 O′ として，A の水平位置を x_A と
すると，図4より

$$x_A = \frac{l}{2}\sin\omega t = \frac{l}{2}\sin\sqrt{\frac{2g}{l}}\,t$$

ゆえに，地上から観測した A の水平位置を X_A
とすると

$$X_A = X_G + x_A = \sqrt{\frac{gl}{2}}\,t + \frac{l}{2}\sin\sqrt{\frac{2g}{l}}\,t$$

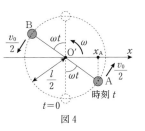

図4

問題43 | 難易度：🐱🐱🐱🐱🐱

重要

地上の1点から鉛直上方へ質量 m の小物体を打ち上げる。地球は半径 R，質量 M の一様な球で，物体は地球から万有引力の法則にしたがう力を受けるものとする。右図を参照して，次の問いに答えよ。ただし，地上での重力加速度の大きさを g，万有引力定数を G とする。また，地球の自転および公転は無視するものとする。

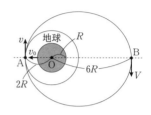

(1) 地上での重力加速度の大きさ g を R，M，G を用いて表せ。

(2) 物体の速度が地球の中心 O から $2R$ の距離にある点 A で 0 になるためには，初速度の大きさ v_0 をどれだけにすればよいか，g，R を用いて表せ。

物体の速度が点 A で 0 になった瞬間，物体に大きさが v で OA に垂直な方向の速度を与える。

(3) 物体が地球の中心 O を中心とする等速円運動をするためには，v をどれだけにすればよいか，g，R を用いて表せ。また，この円運動の周期を g，R を用いて表せ。

点 A で物体に与える速さ v が(3)で求めた値からずれると，物体の軌道は，地球の中心を1つの焦点とする楕円となる。v が大きくなるほど大きな楕円軌道となり，v がある値以上になると，物体は無限の遠方に飛び去ってしまう。

(4) 物体が AB を長軸とする楕円軌道を描くときについて，次の問いに答えよ。ただし，点 B は軌道上で地球から最も離れる点で，地球の中心からの距離は $6R$ である。

　(a) 点 A における面積速度と点 B における面積速度が等しいことから，点 B における物体の速さ V を v を用いて表せ。

　(b) 速さ v を g，R を用いて表せ。

　(c) この楕円運動の周期を g，R を用いて表せ。

(5) 物体が地球に衝突せずかつ無限の遠方に飛び去ることもなく楕円軌道を描き続けるためには，速さ v はどのような範囲になければならないか，g，R を用いて不等式で表せ。

⸚ 設問別難易度：(1)🐱🐱🐱🐱🐱　(2),(3)😺🐱🐱🐱🐱　(4)🐱🐱🐱🐱🐱　(5)😾😾😾😾🐱

地球（または太陽など）の質量を M とし，質量 m の物体が地球の中心から r の距離にあるとき，万有引力定数を G として万有引力による位置エネルギー U は，無限の遠方を基準として $U = -\dfrac{GMm}{r}$ となる。

無限の遠方が最も位置エネルギーの高い位置なので，それ以外の位置では負となる。物体が無限の遠方の位置に到達するためには，無限の遠方（$U = 0$）で運動エネルギーが 0 以上であればよいので，それ以外の点で力学的エネルギーが 0 以上であればよい。

Point 2 | 楕円軌道の速さと周期 ≫ (4)

楕円軌道の近地点，遠地点（中心が太陽の場合は近日点，遠日点）の速さは
- 面積速度一定の法則（ケプラーの第 2 法則）
- 力学的エネルギー保存則

から解く。

楕円軌道の周期は，ケプラーの第 3 法則を用いて，円軌道の周期と比較して求める。

解答 (1) 地表（地球の重心から距離 R）で物体にはたらく万有引力が重力であるので，物体の質量を m として

$$\frac{GMm}{R^2} = mg \qquad \therefore \quad g = \frac{GM}{R^2} \quad \cdots ①$$

(2) 万有引力による位置エネルギーの基準を，地球の中心から無限の遠方の点とする。**力学的エネルギー保存則**より，①式も用いて

$$\frac{1}{2}mv_0^2 - \frac{GMm}{R} = -\frac{GMm}{2R} \qquad \therefore \quad v_0 = \sqrt{\frac{GM}{R}} = \sqrt{gR}$$

(3) 地球からの万有引力により，等速円運動をする。**円運動の運動方程式**より，①式も用いて

$$m\frac{v^2}{2R} = \frac{GMm}{(2R)^2} \qquad \therefore \quad v = \sqrt{\frac{GM}{2R}} = \sqrt{\frac{gR}{2}}$$

円運動の周期を T_1 とすると

$$T_1 = \frac{2\pi \times 2R}{v} = 4\pi\sqrt{\frac{2R}{g}}$$

(4) (a) **面積速度一定の法則**より

$$\frac{1}{2} \times 2Rv = \frac{1}{2} \times 6RV \qquad \therefore \quad V = \frac{v}{3} \quad \cdots ②$$

(b) AとBで**力学的エネルギー保存則**より

$$\frac{1}{2}mv^2 - \frac{GMm}{2R} = \frac{1}{2}mV^2 - \frac{GMm}{6R}$$

①, ②式より v を求める。

$$v = \frac{1}{2}\sqrt{\frac{3GM}{R}} = \frac{1}{2}\sqrt{3gR}$$

(c) この楕円軌道の半長軸を a とすると

$$a = \frac{2R + 6R}{2} = 4R$$

楕円運動の周期を T_2 とする。半径 $2R$ の円運動の周期 T_1 との関係を，ケプラーの第3法則より式にすると

$$\frac{T_2{}^2}{a^3} = \frac{T_1{}^2}{(2R)^3}$$

$$\therefore \quad T_2 = \sqrt{\frac{a^3}{8R^3}}\,T_1 = \sqrt{\frac{(4R)^3}{8R^3}}\,T_1 = 2\sqrt{2} \times 4\pi\sqrt{\frac{2R}{g}} = 16\pi\sqrt{\frac{R}{g}}$$

(5) 地球と接触しないためには，Bで地球の中心からの距離が R 以上である必要がある。Bで地球の中心からの距離が R のときの速さを V' として，面積速度一定の法則より

$$\frac{1}{2} \times 2Rv = \frac{1}{2} \times RV' \qquad \therefore \quad V' = 2v \quad \cdots ③$$

力学的エネルギー保存則より

$$\frac{1}{2}mv^2 - \frac{GMm}{2R} = \frac{1}{2}mV'^2 - \frac{GMm}{R}$$

③式を代入して，さらに①式も用いて，このときのAでの速さ v を求めると

$$v = \sqrt{\frac{GM}{3R}} = \sqrt{\frac{gR}{3}}$$

ゆえに，地球と接触しないためには

$$v > \sqrt{\frac{gR}{3}} \quad \cdots ④$$

無限の遠方では，万有引力による位置エネルギーが0であるので，無限の遠方に行かないためには，Aでの力学的エネルギーが0未満であればよい。ゆえに

$$\frac{1}{2}mv^2 - \frac{GMm}{2R} < 0 \qquad \therefore \quad v < \sqrt{\frac{GM}{R}} = \sqrt{gR} \quad \cdots ⑤$$

④, ⑤式より，v が満たす条件は

$$\sqrt{\frac{gR}{3}} < v < \sqrt{gR}$$

問題44 難易度：⬚⬚⬚⬚⬚

以下の空欄のア～ケに入る適切な式を答えよ。

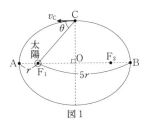

図1

ケプラーの第1法則によると，太陽の周りを回る惑星や彗星の軌道は，太陽を1つの焦点とする楕円となる。図1のように，太陽が楕円の焦点 F_1 にあり，近日点 A，遠日点 B の太陽からの距離が，それぞれ r，$5r$ の軌道を回る彗星について考える。楕円の半長軸は ア である。楕円のもう1つの焦点を F_2，楕円の中心を O とし，短軸の一方の端を C とする。楕円は2つの焦点からの距離の和が一定となる点の軌跡なので，図の $F_1C=$ イ であり，半短軸（OC）は ウ である。点 C での彗星の速さを v_C として，動径（F_1C）と速度の向きがなす角を θ とすると，点 C での彗星の面積速度は，r，v_C，θ を用いて エ となる。太陽の質量を M，万有引力定数を G として，v_C を r，M，G で求めると オ となる。楕円の面積は，$\pi \times$ 半長軸 $\times$ 半短軸で求められるので，この彗星が太陽を回る周期は カ である。

次に，太陽系の外から飛来して，点 A で太陽に最も近づく天体を考える。このような天体の軌道は双曲線となる。また，太陽から十分に遠い位置から飛来するので，点 A を通過するときの速さはある値 v_0 より大きい。v_0 を r，M，G で求めると キ となる。

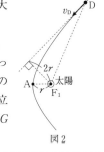

図2

この天体は，図2のように太陽から十分に遠い点 D で，速さが v_D，速度の方向を通る直線と太陽の距離が $2r$ であった。点 D で天体の面積速度は ク である。天体がこのような軌道を運動する場合も，面積速度一定の法則が成り立つので，この天体が点 A を通過するときの速さを r，M，G で求めると，ケ となる。

設問別難易度：ア ⬚□□□□　イ ⬚⬚□□□　ウ，エ，キ ⬚⬚⬚□□
オ，カ ⬚⬚⬚⬚□　ク，ケ ⬚⬚⬚⬚⬚

Point 1 面積速度　≫ エ，ク

一般に，太陽や地球の周りを，楕円軌道を描いて回る物体の**面積速度**は，物体の速さを v，動径の長さ（太陽，または地球から物体までの距離）を r，速度と動径がなす角を θ とすると，$\dfrac{1}{2}rv\sin\theta$ である。

無限の遠方から太陽や地球に向かう天体の面積速度も一定である。太陽または地球から十分遠方を，速さ v で運動している天体の面積速度は，速度の方向に引いた直線と太陽または地球との距離を h として，$\dfrac{1}{2}hv$ である。

解答　ア．半長軸は

$$OA = OB = \frac{r+5r}{2} = 3r$$

イ．$F_1A + F_2A = 6r$ であるので，2つの焦点からの軌道上の点までの距離の和は $6r$ である。ゆえに

$$F_1C + F_2C = 6r$$

$F_1C = F_2C$ なので

$$F_1C = \frac{6r}{2} = 3r$$

ウ．半短軸は，三平方の定理より

$$OC = \sqrt{(F_1C)^2 - (F_1O)^2} = \sqrt{(3r)^2 - (2r)^2} = \sqrt{5}\,r$$

エ．動径の長さは $F_1C = 3r$ であるので，点 C での面積速度は

$$\frac{1}{2} \times 3rv_C\sin\theta = \frac{3}{2}rv_C\sin\theta$$

オ．点 A での彗星の速さを v_A とする。面積速度一定の法則より

$$\frac{3}{2}rv_C\sin\theta = \frac{1}{2}rv_A$$

ここで，$\sin\theta = \dfrac{OC}{F_1C} = \dfrac{\sqrt{5}\,r}{3r} = \dfrac{\sqrt{5}}{3}$ を代入して

$$\sqrt{5}\,v_C = v_A \quad \cdots ①$$

彗星の質量を m とする。万有引力による位置エネルギーの基準を無限の遠方として，力学的エネルギー保存則より

$$\frac{1}{2}mv_C{}^2 - \frac{GMm}{3r} = \frac{1}{2}mv_A{}^2 - \frac{GMm}{r} \quad \cdots ②$$

①，②式より v_A を消去し，v_C を求めると

$$v_C = \sqrt{\frac{GM}{3r}}$$

カ．点 C での面積速度を求めると（どこで求めても同じであるが）

$$\frac{3}{2}rv_C\sin\theta = \frac{3}{2} \times r \times \sqrt{\frac{GM}{3r}} \times \frac{\sqrt{5}}{3} = \frac{1}{2}\sqrt{\frac{5GMr}{3}}$$

楕円の面積を面積速度で割れば，周期を求められる。周期を T として

$$T = \frac{\pi \times 3r \times \sqrt{5}\,r}{\frac{1}{2}\sqrt{\frac{5GMr}{3}}} = 6\pi\sqrt{\frac{3r^3}{GM}}$$

（**参考**）ケプラーの第3法則より，この楕円軌道（半長軸 $3r$）の周期は，半径 $3r$ の円軌道の周期と同じである。ゆえに，半径 $3r$ の円軌道について解いても求められる。

キ．無限の遠方から飛来する天体は，太陽から十分に遠い位置（位置エネルギーが0）で，運動エネルギーが0以上なので，天体の質量を m'，点Aでの速さを $v_A{}'$ として，力学的エネルギーを考えて

$$\frac{1}{2}m'v_A{}'^2 - \frac{GMm'}{r} \geqq 0 \qquad \therefore \quad v_A{}' \geqq \sqrt{\frac{2GM}{r}}$$

であればよい。v_0 は $v_A{}'$ の最小値なので $\quad v_0 = \sqrt{\frac{2GM}{r}}$

ク．太陽から十分に遠い位置での面積速度は，図3の網かけ部分で，底辺 v_D，高さ $2r$ の三角形の面積と考えればよい。ゆえに

$$\frac{1}{2} \times 2r \times v_D = rv_D$$

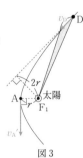

図3

ケ．点Aと点Dで，面積速度一定の法則より

$$rv_D = \frac{1}{2}rv_A{}' \quad \cdots ③$$

点Dは太陽から十分に遠いので，万有引力による位置エネルギーは0としてよい。力学的エネルギー保存則より

$$\frac{1}{2}m'v_D{}^2 = \frac{1}{2}m'v_A{}'^2 - \frac{GMm'}{r} \quad \cdots ④$$

③，④式を解いて

$$v_A{}' = 2\sqrt{\frac{2GM}{3r}}$$

9 単振動

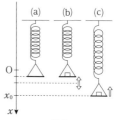

問題45 難易度：🐰🐰🐰⬜⬜

以下の空欄のア～コに適切な数式を入れよ。

天井からつり下げたばね定数 k〔N/m〕の軽いつる巻きばねの先に質量 m〔kg〕の薄い板が固定されている。鉛直下向きに x 軸をとり，ばねが自然長のときの板の位置を原点とする。また，重力加速度を g〔m/s²〕とする。

図1

(1) 図1(a)のように板が静止しているとき，板の位置は ア 〔m〕であり，重力による板の位置エネルギーとばねの弾性エネルギーの和は イ 〔J〕である。ただし，位置エネルギーは原点を基準とする。

(2) 図1(a)のように静止した板に質量 $2m$〔kg〕の小さなおもりを置き，静かに手をはなすと，図1(b)のようにおもりと板は一体となり単振動を始めた。振動の中心では力がつり合うことから，振動の中心の位置は ウ 〔m〕であり，振幅は エ 〔m〕である。また，周期は オ 〔s〕である。

(3) 板に(2)と同じおもりを置き，図1(c)のように x_0〔m〕まで引き下げて静止させた後に静かに手をはなすと，おもりと板は一体となり上昇し始めた。上昇の途中でおもりは板から離れ，重力による減速を受けながら上昇を続け，速度が0となった所で最高点に達した。おもりと板が一体となって上昇する間，板の位置が x〔m〕のときの下向きの加速度を a〔m/s²〕，おもりが板から受ける垂直抗力の大きさを N〔N〕とする。おもりと板の運動方程式は，それぞれ，以下のように与えられる。

おもり：$2ma=$ カ 　　板：$ma=$ キ

おもりが板から離れる瞬間の板の位置は ク 〔m〕である。おもりが到達する最高点の位置は ケ 〔m〕である。実際におもりが板から離れて運動するためには，$x_0>$ コ 〔m〕でなければならない。

設問別難易度：ア 🐰⬜⬜⬜⬜　　イ，オ 🐰🐰⬜⬜⬜　　ウ，エ，カ～コ 🐰🐰🐰⬜⬜

Point 1 単振動の基本 》》 ウ～オ

物体にはたらく合力 f が，C を定数として位置 x で $f=-Cx$ となるとき，物体は

単振動をする。ただし，合力が 0 となる点を原点とし，この点が単振動の中心である。物体の質量を m とすると，角振動数 $\omega=\sqrt{\dfrac{C}{m}}$，周期 $T=2\pi\sqrt{\dfrac{m}{C}}$ となる。また，単振動の両端は速度が 0 となる点で，中心から端までの距離が振幅 A である。これら，単振動の基本をしっかり理解しよう。

Point 2 ばね振り子 ≫ オ

ばね定数 k のばねに，質量 m の物体が取りつけられたばね振り子は，水平にしても鉛直にしても斜めにしても，つり合いの位置を原点とすると，位置 x で合力が $-kx$ となる。ゆえに，角振動数 $\omega=\sqrt{\dfrac{k}{m}}$，周期 $T=2\pi\sqrt{\dfrac{m}{k}}$ となる。

解答　ア．板の位置を x_1 とする。板にはたらく力のつり合いより

$$mg-kx_1=0 \quad \therefore \quad x_1=\frac{mg}{k}\,(\mathrm{m})$$

イ．位置エネルギーと弾性エネルギーの和を U_1 とする。x_1 も代入して

$$U_1=-mgx_1+\frac{1}{2}kx_1{}^2=-\frac{(mg)^2}{2k}\,(\mathrm{J})$$

ウ．単振動の中心の位置座標を x_2 とする。中心は合力が 0 となるつり合いの位置なので，板とおもりを一体と考えて全体にはたらく力のつり合いより

$$(m+2m)g-kx_2=0 \quad \therefore \quad x_2=\frac{3mg}{k}\,(\mathrm{m})$$

エ．位置 x_1 で速度 0 なので，この点が単振動の上端である。ゆえに，振幅を A とすると

$$A=x_2-x_1=\frac{2mg}{k}\,(\mathrm{m})$$

オ．ばね定数 k のばねに質量 $3m$ の物体が接続されたばね振り子である。周期を T とすると

$$T=2\pi\sqrt{\frac{3m}{k}}\,(\mathrm{s})$$

カ・キ．任意の位置で（$x>0$ の位置とすると考えやすい），おもりと板（ばねとの接続点までを含む）にはたらく力を描く。$x>0$ の位置で考えると，ばねは自然長より x だけ伸びているので図 2 のようになる。おもりの運動方程式は

$$2ma=2mg-N \quad \cdots①$$

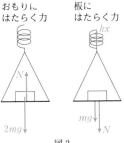

おもりにはたらく力

板にはたらく力

図 2

板の運動方程式は

$$ma = mg + N - kx \quad \cdots ②$$

ク．①，②式より N を求めると

$$N = \frac{2}{3}kx$$

$N = 0$ の点でおもりが板から離れるので，そのときの板の位置を x_3 とすると

$$\frac{2}{3}kx_3 = 0 \quad \therefore \quad x_3 = 0\,[\text{m}] \quad （自然長の位置である。）$$

ケ．板から離れた瞬間のおもりの速さを v_3 とする。離れるまではおもりと板は一体と考えてよい。力学的エネルギー保存則より

$$-3mgx_0 + \frac{1}{2}kx_0{}^2 = \frac{1}{2}\cdot 3mv_3{}^2 \quad \therefore \quad v_3 = \sqrt{\left(\frac{kx_0}{3m} - 2g\right)x_0}$$

以後，おもりは，初速度 v_3 で鉛直投げ上げ運動となる。板から離れた位置 $(x_3 = 0)$ から最高点までの距離を h とすると

$$0 - v_3{}^2 = -2gh \quad \therefore \quad h = \frac{v_3{}^2}{2g}$$

最高点の位置座標を x_4 として，v_3 も代入して

$$x_4 = -h = -\frac{v_3{}^2}{2g} = -\left(\frac{kx_0}{6mg} - 1\right)x_0\,[\text{m}]$$

別解　単振動のエネルギー保存則より，v_3 を求めてもよい。振幅は $x_0 - x_2$ なので，x_2, x_3 も代入して

$$\frac{1}{2}k(x_0 - x_2)^2 = \frac{1}{2}\cdot 3mv_3{}^2 + \frac{1}{2}k(x_3 - x_2)^2$$

$$\therefore \quad v_3 = \sqrt{\frac{kx_0}{3m}(x_0 - 2x_2)} = \sqrt{\left(\frac{kx_0}{3m} - 2g\right)x_0}$$

以降は同様である。

コ．板とおもりが一体で単振動をしているとき，単振動の中心は $x = x_2$，下端が $x = x_0$ であるので，振幅 A は

$$A = x_0 - x_2$$

これより，おもりが離れないとして，一体で単振動したときの上端の位置を x_5 とすると

$$x_5 = x_0 - 2A = -x_0 + 2x_2$$

おもりが離れるためには，この位置が $x_3 = 0$ より上であればよいので，x_2 も代入して

$$-x_0 + 2x_2 < 0 \quad \therefore \quad x_0 > 2x_2 = \frac{6mg}{k}\,[\text{m}]$$

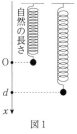

問題46 難易度：🙂🙂🙂⬜⬜

図1のように，ばね定数 k のばねの一端に，質量 m のおもりがつり下げられ，ばねの他端は天井に固定されている。ばねが自然の長さのときのおもりの位置を原点 O として，鉛直下向きに x 軸をとる。

おもりを $x=d$ の点まで引き下げ，静かにはなすと，おもりは鉛直上向きに動き出した。重力加速度の大きさを g とする。

図1

(1) おもりの位置が x のとき，おもりの加速度を a として運動方程式を作れ。

(2) この単振動の中心の位置，角振動数，振幅を求めよ。

(3) おもりの速さの最大値を求めよ。

(4) おもりをはなした時刻を $t=0$ とし，時刻 t でのおもりの位置 x，速度 v を求めよ。

設問別難易度：(1)🙂🙂⬜⬜⬜ (2)〜(4)🙂🙂🙂⬜⬜

Point | 中心が原点からずれる単振動 ≫ (1), (2)

単振動の問題で，単振動の中心以外の点を原点として座標軸（x軸）をとると，物体にはたらく合力 F は，C, B を定数として

$$F = -Cx + B$$

となる。この場合，単振動の中心の位置座標 x_C は，合力 $F = 0$ の点であるので

$$x_C = \frac{B}{C}$$

である。x_C を原点とした新しい座標軸（x' 軸）をとると，$x = x' + x_C$ となり，合力 F は

$$F = -C(x' + x_C) + B = -C\left(x' + \frac{B}{C}\right) + B = -Cx'$$

となる。ゆえに，物体の質量を m とすると，角振動数 ω，周期 T はそれぞれ

$$\omega = \sqrt{\frac{C}{m}} \quad , \quad T = 2\pi\sqrt{\frac{m}{C}}$$

となる。

解答 (1) ばねの自然の長さからの伸びが x なので，弾性力の大きさは kx である。
運動方程式は

$$ma = -kx + mg$$

(2) 中心の座標を x_0 とする。中心は合力が 0 の点であるので

$$-kx_0 + mg = 0 \qquad \therefore \quad x_0 = \frac{mg}{k} \quad \cdots①$$

ばね定数 k のばねに，質量 m のおもりをつけたばね振り子なので，角振動数を ω とすると

$$\omega = \sqrt{\frac{k}{m}}$$

単振動の下端が $x = d$，中心が $x = x_0$ である。振幅を A とすると

$$A = d - x_0 = d - \frac{mg}{k}$$

(参考) $x = x_0$ の位置を原点 O' として，あらためて鉛直下向きに x' 軸をとると，$x = x_0 + x'$ である。運動方程式を x' を用いて書き直す。①式も用いて

$$ma = -k(x_0 + x') + mg = -kx'$$

となる。つまり，O' を中心とする単振動である。単振動の角振動数を ω とし，$a = -\omega^2 x'$ を運動方程式に代入して

$$m(-\omega^2 x') = -kx' \qquad \therefore \quad \omega = \sqrt{\frac{k}{m}}$$

(3) 速さが最大になるのは，中心を通過するときで，速さの最大値＝振幅×角振動数である。ゆえに，速さの最大値を v_0 として

$$v_0 = A\omega = \left(d - \frac{mg}{k}\right)\sqrt{\frac{k}{m}}$$

別解 下端と中心 $x = x_0$ とで，単振動のエネルギー保存則より

$$\frac{1}{2}k\left(d - \frac{mg}{k}\right)^2 = \frac{1}{2}mv_0{}^2 \qquad \therefore \quad v_0 = \left(d - \frac{mg}{k}\right)\sqrt{\frac{k}{m}}$$

(4) おもりは，x_0 を中心に，$t = 0$ で $x = d$ （単振動の下端）から振動を始めるので，変位 x と時間 t の関係は図 2 のようになる。ただし，x 軸の正を下向きにとっていることに注意すること。これを式にすると

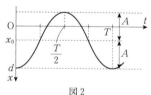

図 2

$$x = x_0 + A\cos\omega t$$

$$= \frac{mg}{k} + \left(d - \frac{mg}{k}\right)\cos\sqrt{\frac{k}{m}}\,t$$

速度は，$t = 0$ のとき $v = 0$ で，その後，x 軸負の向きに動き出す。

$$v = -v_0 \sin\omega t = -\left(d - \frac{mg}{k}\right)\sqrt{\frac{k}{m}}\sin\sqrt{\frac{k}{m}}\,t$$

別解 x から v を求めるには，x を時間 t で微分すればよい。

問題47 難易度：🙂🙂🙂☐☐

　ばね定数 k のばねの一端を天井に固定し，他端に質量 m のおもりをつるしたところ，自然の長さより x_0 だけ伸びてつり合った。重力加速度の大きさを g とする。

(1) x_0 を k，m，g で表せ。

　つり合いの位置を原点 O として鉛直下向きに x 軸をとる。おもりを原点（つり合いの位置）から鉛直下方に $2x_0$ だけ引き下げて静かにはなす。

(2) おもりの位置が x のとき，おもりにはたらく合力を k，x で表せ。

(3) おもりの位置が x のときの位置エネルギーの，原点 O での位置エネルギーとの差を k，x で表せ。

(4) おもりが位置 $x=x_0$ を通過するときの速さを k，m，g で表せ。

(5) おもりが原点を通過するときの速さを k，m，x_0 で表せ。

設問別難易度：(1) 🙂☐☐☐☐　(2)〜(5) 🙂🙂🙂☐☐

Point 1 　復元力の位置エネルギー　≫ (3)

　原点（$x=0$）を中心として単振動をする物体にはたらく力（合力）F は，C を定数として $F=-Cx$ となる。物体が原点から位置 x まで移動したときのこの力（復元力）の仕事より，位置 x にある物体は，復元力による位置エネルギー $U=\dfrac{1}{2}Cx^2$ をもつと考えられる。復元力は複数の力の合力であることが多いが，この位置エネルギーは，それら複数の力の全ての影響が含まれると考えてよい。

Point 2 　単振動のエネルギー保存則　≫ (4), (5)

　物体の質量を m，位置 x での速さを v とし，また振幅を A，速さの最大値を v_0 とすると，単振動では，復元力の位置エネルギーも含めて

$$\frac{1}{2}mv^2+\frac{1}{2}Cx^2=一定=\frac{1}{2}CA^2=\frac{1}{2}mv_0{}^2$$

が成り立つ。これを単振動のエネルギー保存則という。ただし，復元力による位置エネルギーがこの形になるのは，$x=0$ が単振動の中心のときなので，必ず単振動の中心からの距離を x とすること。

解答 (1) おもりにはたらく力のつり合いより

$$mg-kx_0=0 \qquad \therefore \quad x_0=\frac{mg}{k} \quad \cdots①$$

(2) 合力を f とする。位置 x（$x>0$ の位置で考えるとわかりやすい）で、ば ねの伸びは x_0+x であるので、f は、①式も用いて

$$f=mg-k(x_0+x)=-kx$$

(3) 重力の位置エネルギーの基準を原点とする。位置 x での位置エネルギー を U、原点での位置エネルギーを U_0 とすると、①式も用いて

$$U=-mgx+\frac{1}{2}k(x_0+x)^2$$

$$U_0=\frac{1}{2}kx_0{}^2$$

ゆえに、U の U_0 に対する差は、①式も用いて

$$U-U_0=\left\{-mgx+\frac{1}{2}k(x_0+x)^2\right\}-\frac{1}{2}kx_0{}^2=\frac{1}{2}kx^2$$

参考　この結果より、位置 x での重力と弾性力の位置エネルギーの和は、 原点より $\frac{1}{2}kx^2$ だけ大きいことがわかる。おもりにはたらく復元力には重 力と弾性力が含まれる。この合力が $-kx$ であるので、原点を基準として、 復元力による位置エネルギーが $\frac{1}{2}kx^2$ であるということである。

(4) 求める速さを v_1 として、復元力の位置エネルギーを使った単振動のエネ ルギー保存則と①式より

$$\frac{1}{2}k(2x_0)^2=\frac{1}{2}mv_1{}^2+\frac{1}{2}kx_0{}^2 \qquad \therefore \quad v_1=g\sqrt{\frac{3m}{k}}$$

(5) 同様に、原点での速さを v_0 として

$$\frac{1}{2}k(2x_0)^2=\frac{1}{2}mv_0{}^2 \qquad \therefore \quad v_0=2x_0\sqrt{\frac{k}{m}}$$

別解　単振動の中心を通過するときの速さは、振幅×角振動数でも求まる。

参考　(4)、(5)で、単振動のエネルギー保存則ではなく、単純に力学的エネ ルギー保存則で求めてもよい。ただし、計算はやや手間がかかる。重力によ る位置エネルギーの基準を原点として

(4) 　　　$-2mgx_0+\frac{1}{2}k(x_0+2x_0)^2=\frac{1}{2}mv_1{}^2-mgx_0+\frac{1}{2}k(x_0+x_0)^2$

①式も用いてこれを解く。

$$v_1=g\sqrt{\frac{3m}{k}}$$

(5) 同様に

$$-2mgx_0+\frac{1}{2}k(x_0+2x_0)^2=\frac{1}{2}mv_0{}^2+\frac{1}{2}kx_0{}^2 \qquad \therefore \quad v_0=2x_0\sqrt{\frac{k}{m}}$$

図1のように，水平であらい床に一端を壁に固定され，他端に質量 m の物体をつけた，ばね定数 k のばねが置かれている。床と物体との間の

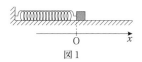

図1

静止摩擦係数を μ，動摩擦係数を $\dfrac{4}{5}\mu$ とする。ばねが自然の長さのときの物体の位置を原点 O とし，水平右向きに x 軸をとる。重力加速度の大きさを g とする。

(1) 物体を引いてばねを伸ばして静かにはなしたところ，物体は床に静止したままであった。このように物体をはなしても動かない範囲でのばねの伸びの最大値を d とする。d を求めよ。

次に，物体を $x=5d$ の位置まで引いて静かにはなしたところ，物体は左に動き出した。物体が動き始めてから，初めて静止するまでの間について考える。

(2) 物体の位置が x のとき，物体の加速度を a として運動方程式を作れ。

(3) この単振動の中心の x 座標と振幅を，d を用いて求めよ。

(4) 物体が動き始めた時刻を $t=0$ として，物体が初めて静止する時刻を求めよ。また初めて静止した位置を，d を用いて求めよ。

物体は一度静止した後，右へ動き出した。

(5) この単振動の中心の x 座標と振幅を，d を用いて求めよ。

(6) 物体が2回目に止まるときの位置を，d を用いて求めよ。

物体はいずれ静止した後，動かなくなる。

(7) 物体が動かなくなった位置の x 座標を求めよ。

設問別難易度：(1) 😊😊⬜⬜⬜　(2)〜(4) 😊😊😊⬜⬜　(5)〜(7) 😊😊😊😊⬜

力学

SECTION 9

Point　減衰振動　》　(2)〜(6)

本問ではあらい面上を運動するので，物体に一定の大きさの動摩擦力がはたらくが，速度の向きにより動摩擦力の向きが変わり，物体が左へ向かうときと右へ向かうときで，それぞれ中心が異なる単振動をする。そのため，振幅がそのたびに小さくなっていく。このような運動を減衰振動と呼ぶ。

解答　(1) ばねの弾性力が，最大摩擦力以下であれば物体は動かない。ばねの自然の長さからの伸び x の満たす条件は

$$kx \leqq \mu mg \qquad \therefore \quad x \leqq \frac{\mu mg}{k}$$

ゆえに，物体が動かない範囲での x の最大値 d は　$d = \dfrac{\mu mg}{k}$　…①

(2) 物体が x 軸の負の向きに動き，位置 x を通過するとき，物体には図2のように力がはたらく。動摩擦力は正の向きである。よって，運動方程式は

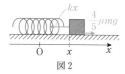

図2

$$ma = -kx + \frac{4}{5}\mu mg \quad \cdots ②$$

（これは，物体が単振動をすることを示している。**問題 46** 参照。）

(3) 単振動の中心は合力が 0 （加速度が 0 ）となる位置であるので，中心の x 座標を x_0 として，①式も用いて

$$0 = -kx_0 + \frac{4}{5}\mu mg \quad \therefore \quad x_0 = \frac{4\mu mg}{5k} = \frac{4}{5}d$$

単振動の右端は $x = 5d$ の位置なので，振幅を A_1 とすると

$$A_1 = 5d - x_0 = 5d - \frac{4}{5}d = \frac{21}{5}d$$

(4) 単振動の右端から左端までなので，単振動の周期の $\frac{1}{2}$ である。この単振動の周期を T とすると，$T = 2\pi\sqrt{\dfrac{m}{k}}$ なので，物体が初めて静止する時刻を t_1 として

$$t_1 = \frac{T}{2} = \pi\sqrt{\frac{m}{k}}$$

そのときの位置を x_1 とすると，x_1 は単振動の左端なので

$$x_1 = x_0 - A_1 = \frac{4}{5}d - \frac{21}{5}d = -\frac{17}{5}d$$

(5) 物体が x 軸の正の向きに動くとき，動摩擦力は負の向きにはたらく。加速度を a' として，位置 x での運動方程式は

$$ma' = -kx - \frac{4}{5}\mu mg$$

この単振動の中心の x 座標を $x_0{}'$ とすると

$$0 = -kx_0{}' - \frac{4}{5}\mu mg \quad \therefore \quad x_0{}' = -\frac{4\mu mg}{5k} = -\frac{4}{5}d$$

単振動の左端が x_1 であるので，振幅を A_2 とすると

$$A_2 = x_0{}' - x_1 = -\frac{4}{5}d - \left(-\frac{17}{5}d\right) = \frac{13}{5}d$$

(6) 物体が 2 回目に止まるのは，単振動の右端なので，そのときの位置を x_2 とすると

$$x_2 = x_0{}' + A_2 = -\frac{4}{5}d + \frac{13}{5}d = \frac{9}{5}d$$

(7) (1)より，静止した位置の座標 x が $-d \leqq x \leqq d$ の範囲になると物体は動かない。ゆえに，位置 x_2 からは再び動き始める。物体が左に動くとき，運動方程式は②式で，単振動の中心の座標は $x_0 = \dfrac{4}{5}d$ であるので，このときの振幅を A_3 とすると

$$A_3 = x_2 - x_0 = \frac{9}{5}d - \frac{4}{5}d = d$$

ゆえに，次に静止する位置を x_3 とすると

$$x_3 = x_0 - A_3 = \frac{4}{5}d - d = -\frac{d}{5}$$

これは，動き出さない条件 $-d \leqq x \leqq d$ を満たすので，物体は静止摩擦により動かなくなる。ゆえに　　$x_3 = -\dfrac{d}{5}$

参考　物体の一連の動きを図示すると，図3のようになる。

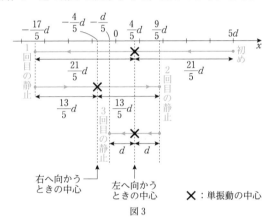

図3

重要

右図のように，一定の速さ V で水平に動くあらいベルトがある。一端を壁に固定したばね定数 k の水平なばねのもう一端に質量 m の物体をつけ，

物体をベルトにのせる。物体とベルトとの間の静止摩擦係数を μ_1，動摩擦係数を μ_2 とする。重力加速度の大きさを g として以下の問いに答えよ。ただし，物体の速さは，ベルトの速さ V より常に小さいものとし，ベルトは十分に長く，物体がベルトから出ることはないものとする。ばねが自然の長さのときの物体の位置を原点 O とし，ベルトの運動方向に水平に x 軸をとる。

(1) 物体をある位置でベルトに静かに置くと，物体は静止したままであった。このときの x 座標を求めよ。

　物体を $x=d$ の位置ではなすと，x 軸負の向きに動き出した。

(2) 物体の位置が x のとき，物体の加速度を a として運動方程式を作れ。

(3) 物体は単振動をする。単振動の中心，振幅，速度の最大値を求めよ。

(4) 物体をはなした後，初めて原点を通過するときの速さを求めよ。

(5) 物体をはなした後，初めて静止する位置の座標と，はなしてからの時間を求めよ。

(6) 物体は初めて静止した後，どのような運動をするか。概略を述べよ。

　物体を(1)で求めた位置で初速度 v_0（$v_0 < V$）で x 軸正の向きにすべらせると，物体は単振動をした。

(7) 単振動の振幅を求めよ。

(8) 物体が原点を通過するときの速さを求めよ。

設問別難易度：(1)〜(3) ⬚⬚⬚⬚⬚　(4)〜(8) ⬚⬚⬚⬚⬚

Point 1　中心が原点からずれる単振動　≫ (2), (3)

　本問では，物体に動摩擦力が常に一定の大きさで同じ向きにはたらく。そのため，ばねが自然の長さのときを原点として運動方程式を考えると，定数項がつく。これはすでに**問題46**で学んだように，中心が原点からずれた単振動である。

Point 2　単振動のエネルギー保存則　≫ (4), (7), (8)

　動摩擦力がはたらくので，単振動のエネルギー保存則を使っていいのか疑問に思うかもしれない。しかし，動摩擦力を含めて復元力なので，単振動のエネルギー保存則

を用いることができる。使いこなせるようにしよう。

解答 (1) 物体の速度は 0 だが，ベルトから見た物体の相対速度は 0 ではなく x 軸
負の向きなので，物体には x 軸正の向きに大きさ $\mu_2 mg$ の動摩擦力がはた
らく。物体が静止するためには，ばねの弾性力と動摩擦力がつり合っている。
この位置の x 座標を x_0 として

$$-kx_0 + \mu_2 mg = 0 \quad \therefore \quad x_0 = \frac{\mu_2 mg}{k}$$

(2) ベルトの方が速いため，**ベルトから見た物体の相対速度は常に x 軸負の
向きとなり，動摩擦力は x 軸正の向きにはたらく。** ゆえに，運動方程式は

$$ma = -kx + \mu_2 mg \quad \cdots ①$$

(3) ①式は物体が単振動することを示している。質量 m，復元力の係数が k
なので，角振動数を ω とすると，$\omega = \sqrt{\dfrac{k}{m}}$ である。単振動の中心は合力
0 の点なので，結局，(1)で求めた x_0 が中心の位置座標である。

$$中心：x_0 = \frac{\mu_2 mg}{k}$$

また，$x = d$ の位置が速さ 0 で単振動の右端なので，振幅を A_1 とすると

$$A_1 = d - x_0 = d - \frac{\mu_2 mg}{k}$$

速度が最大になるのは単振動の中心を通過するときで，その速さを v_1 とす
ると

$$v_1 = A_1 \omega = \left(d - \frac{\mu_2 mg}{k}\right)\sqrt{\frac{k}{m}}$$

(4) 単振動であるので，**中心 x_0 からの変位を X とすると，復元力の位置エネ
ルギーは $\dfrac{1}{2}kX^2$ で表せる。** 原点は $X = 0 - x_0 = -\dfrac{\mu_2 mg}{k}$ なので，初めて原
点を通過するときの速さを v_2 として，**単振動のエネルギー保存則**より

$$\frac{1}{2}mv_2{}^2 + \frac{1}{2}k\left(-\frac{\mu_2 mg}{k}\right)^2 = \frac{1}{2}kA_1{}^2$$

A_1 を代入して v_2 を求めると

$$v_2 = \sqrt{\frac{kd^2}{m} - 2\mu_2 gd}$$

別解 最初に原点に到達するまでに，動摩擦力が物体にする仕事は
$-\mu_2 mgd$ である。物体に保存力以外の力がした仕事が，物体の力学的エネ
ルギーの変化であるので

$$\frac{1}{2}mv_2{}^2-\frac{1}{2}kd^2=-\mu_2mgd \qquad \therefore \quad v_2=\sqrt{\frac{kd^2}{m}-2\mu_2gd}$$

(5) 初めて静止するのは単振動の左端であるので，その位置座標を x_1 として

$$x_1=x_0-A_1=-d+\frac{2\mu_2mg}{k}$$

また，初めて静止するまでの時間を t とする。単振動の周期を T とすると，$t=\dfrac{T}{2}$ である。周期 $T=\dfrac{2\pi}{\omega}=2\pi\sqrt{\dfrac{m}{k}}$ より

$$t=\frac{T}{2}=\pi\sqrt{\frac{m}{k}}$$

(6) 物体は右へ動き出すが，常にベルトの方が速いので，ベルトから見た物体の相対速度は常に x 軸負の向きで，0 にはならない。このため，物体にはたらく摩擦力は動摩擦力で x 軸正の向きにはたらく。ゆえに

物体の運動方程式は①式で変わらないので，中心も振幅も変化せず，そのまま単振動を続ける。

(7) ベルトは常に物体より速いという条件より，ベルトから見た物体の速度は x 軸負の向きで，ベルトからの動摩擦力は x 軸正の向きにはたらくので，運動方程式は①式となり，同様に中心が x_0 の単振動をする。ゆえに，**物体は単振動の中心から速度 v_0 で運動を始める。**角振動数も同様に $\omega=\sqrt{\dfrac{k}{m}}$ なので，振幅を A_2 として

$$v_0=A_2\omega \qquad \therefore \quad A_2=v_0\sqrt{\frac{m}{k}}$$

別解　単振動のエネルギー保存則より

$$\frac{1}{2}mv_0{}^2=\frac{1}{2}kA_2{}^2 \qquad \therefore \quad A_2=v_0\sqrt{\frac{m}{k}}$$

(8) 原点での速さを v_3 として，(4)と同様に単振動のエネルギー保存則より

$$\frac{1}{2}mv_0{}^2=\frac{1}{2}mv_3{}^2+\frac{1}{2}k\left(-\frac{\mu_2mg}{k}\right)^2 \qquad \therefore \quad v_3=\sqrt{v_0{}^2-\frac{\mu_2{}^2mg^2}{k}}$$

図1のように、ばね定数 k の軽いばねの一端を床に固定し、鉛直に立てて上端に質量 m の薄い板を取りつけると、ばねが自然の長さから d だけ縮んだ状態で静止した。この状態の板の位置を原点Oとして、鉛直上向きに x 軸をとる。重力加速度の大きさを g とする。

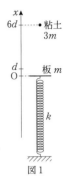

図1

(1) d はいくらか求めよ。

板が静止した状態で、板の鉛直上方で $x=6d$ の位置から質量 $3m$ の粘土を落とした。粘土は板と衝突して一体となり、その後、板と粘土は単振動をした。

(2) 衝突直後の板と粘土の速さはいくらか。g, d を用いて答えよ。

(3) 衝突後、板の位置が x のとき、板と粘土を一体と考えて加速度を a とし、運動方程式を m, k, x, a, g を用いて作れ。

(4) 衝突後の単振動の振幅を d を用いて答えよ。

(5) 単振動の最下端の位置座標を d を用いて答えよ。

(6) 衝突した瞬間を時刻 $t=0$ とする。縦軸に板の位置 x, 横軸に時刻 t をとって、単振動の1周期分をグラフに描け。ただし、単振動の周期を T とすること。

(7) 板と粘土が衝突してから、初めて単振動の最下端に到達するまでの時間を k, m を用いて答えよ。

設問別難易度：(1)◌◻◻◻◻ (2), (3)◌◌◻◻◻
(4)〜(6)◌◌◌◻◻ (7)◌◌◌◌◌

Point 1 単振動の性質が変わる ≫ (3)

粘土が衝突することで、ばねにつけられている物体の質量が変わる。これにより、単振動の性質（中心の位置、角振動数など）が、板だけのときと異なる点に注意しよう。

Point 2 途中から始まる単振動 ≫ (4)〜(7)

単振動の中心や両端以外の点から運動が始まる場合の問題である。中心からの距離を使って復元力の位置エネルギーを考えて、単振動のエネルギー保存則を使って解く。また、三角関数の性質より、振動の位相を考えることにも慣れよう。

解答 (**1**) 板にはたらく力のつり合いより

$$kd - mg = 0 \quad \therefore \quad d = \frac{mg}{k} \quad \cdots ①$$

(**2**) 板と衝突する直前の粘土の速さを v_0 とする。力学的エネルギー保存則より

$$3mg \times 6d = \frac{1}{2} \times 3m v_0{}^2 \quad \therefore \quad v_0 = 2\sqrt{3gd}$$

衝突直後の板と粘土の速さを v_1 とすると、運動量保存則より

$$3m v_0 = (m + 3m) v_1 \quad \therefore \quad v_1 = \frac{3}{4} v_0 = \frac{3}{2}\sqrt{3gd} \quad \cdots ②$$

(**3**) 板の位置が x のとき、板と粘土を一体と考えたとき
に、はたらく力は図2のようになる（x をどこにとって
も、結局、式は同じになるが、$x > 0$ の領域で考えると
間違えにくい。ここでは、仮に $0 < x < d$ として考えた）。
一体として、運動方程式は

$$(m + 3m)a = k(d - x) - (m + 3m)g$$

①式を用いて整理して

$$4ma = -kx - 3mg \quad \cdots ③$$

（中心が原点からずれた単振動である。）

(**4**) 単振動の中心の座標を x_0 とする。③式より x_0 を求めると、①式も用いて

$$-kx_0 - 3mg = 0 \quad \therefore \quad x_0 = -\frac{3mg}{k} = -3d$$

これより、衝突直後に、中心から $3d$ だけ上に離れた位置で、質量 $4m$ の物
体が速さ v_1 で、ばね定数 k のばねで単振動を始めたと考えればよい。振幅
を A として、単振動のエネルギー保存則より

$$\frac{1}{2} \times 4m v_1{}^2 + \frac{1}{2} k(3d)^2 = \frac{1}{2} kA^2$$

②式の v_1 を代入して、さらに①式も用いて A を求めると

$$A = \sqrt{\frac{4m v_1{}^2}{k} + 9d^2} = 6d$$

(**5**) 最下端の位置座標を x_1 とすると、最下端は中心から A だけ下なので

$$x_1 = x_0 - A = -9d$$

(**6**) (1)〜(5)を整理すると、板と粘土は
$x_0 = -3d$ を中心に、振幅 $A = 6d$ の
単振動をする。単振動は、中心より
$3d = \dfrac{A}{2}$ だけ上の位置から始まる。

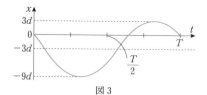

図3

これらよりグラフを描くと図3となる。

(7) 図3より，三角関数の性質を考えると，単振動の開始位置$\left(\text{中心より}\dfrac{A}{2}\text{だけ上}\right)$から最下端までの時間は周期の$\dfrac{1}{3}$である。また，ばね定数$k$のばねと，質量$4m$の物体によるばね振り子であるので，単振動の周期$T$は

$$T=2\pi\sqrt{\frac{4m}{k}}=4\pi\sqrt{\frac{m}{k}}$$

ゆえに，衝突から最下端までの時間は

$$\frac{T}{3}=\frac{4\pi}{3}\sqrt{\frac{m}{k}}$$

参考 時刻tでの板の位置xを表すと，角振動数をωとして

$$x=-3d+6d\cos\left(\omega t+\frac{\pi}{3}\right)$$

である。最下端$x=-9d$となるのは

$$-9d=-3d+6d\cos\left(\omega t+\frac{\pi}{3}\right)$$

$$-1=\cos\left(\omega t+\frac{\pi}{3}\right)$$

これより，最下端に到達する時刻tは

$$\omega t+\frac{\pi}{3}=\pi \qquad \therefore \quad t=\frac{2\pi}{3\omega}$$

ばね定数kのばねと，質量$4m$の物体によるばね振り子なので，角振動数をωとすると，$\omega=\sqrt{\dfrac{k}{4m}}$より

$$t=\frac{4\pi}{3}\sqrt{\frac{m}{k}}$$

図1のように，互いに逆向きに回転するロ
ーラーA，Bがある。2つのローラーの板
と接する位置の間隔が2Lで，同じ高さに置
かれている。質量Mの一様な板を2つのロ

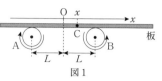

図1

ーラーの上に置く。A，Bが板と接する点の中間点を原点Oとして水平右向
きにx軸をとり，板の中点Cの位置をxで表す。板とローラーの間には摩擦
力がはたらき，動摩擦係数をμ，重力加速度の大きさをgとする。ローラーの
外周部分の速さは常に板の速さより速く，また板は十分に長くローラーから外
れることはないものとする。

Cを$x=d$の位置にして，板を静かにはなすと，板は動き始めた。

(1) Cの位置がxのとき，ローラーAから板にはたらく垂直抗力の大きさを
求めよ。

(2) Cの位置がxのとき，板にはたらく力のx軸方向の合力を求めよ。

(3) 板は単振動をする。周期と速さの最大値を求めよ。

(4) Cの位置がxのときの板の速さを求めよ。

Point ｜ いろいろな単振動　≫ (2)〜(4)

位置xで，質量mの物体にはたらく力の合力Fが，Cを定数として$F=-Cx$と
いう形の復元力であれば，物体は$x=0$を中心として単振動をする。定数Cは，他の
定数を組み合わせたものでもよい。角振動数ω，周期Tは

$$\omega=\sqrt{\frac{C}{m}} \quad , \quad T=\frac{2\pi}{\omega}=2\pi\sqrt{\frac{m}{C}}$$

となる。また物体にはたらく力が何であれ，合力がこの形になれば，復元力による位
置エネルギーは$\frac{1}{2}Cx^2$となり，位置xでの物体の速度をvとし，振幅をA，速さの
最大値を$v_0\,(=A\omega)$とすると，単振動のエネルギー保存則により

$$\frac{1}{2}mv^2+\frac{1}{2}Cx^2=\frac{1}{2}CA^2=\frac{1}{2}mv_0^2$$

が成り立つ。

解答 (1) ローラー A，B から板にはたらく垂
直抗力の大きさをそれぞれ N_A，N_B と
する。板にはたらく力は，ローラーから
の動摩擦力も含めて図 2 のようになる。
板と B との接点のまわりの力のモーメ
ントのつり合いより

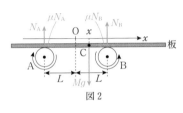

図 2

$$Mg(L-x)-N_A\times 2L=0 \qquad \therefore \quad N_A=\frac{L-x}{2L}Mg$$

(2) 板にはたらく力のつり合いより

$$N_A+N_B-Mg=0 \qquad \therefore \quad N_B=Mg-N_A=\frac{L+x}{2L}Mg$$

板よりローラーの方が速いので，A，B からはたらく動摩擦力は，それぞれ
μN_A，μN_B で図 2 の向きである。これより板にはたらく力の x 軸方向の合
力を F として

$$F=\mu N_A-\mu N_B=\mu\left(\frac{L-x}{2L}Mg-\frac{L+x}{2L}Mg\right)=-\frac{\mu Mg}{L}x \quad \cdots①$$

（合力が復元力の形になっているので，板は単振動をする。）

(3) 板の加速度を a，角振動数を ω として，運動方程式より

$$Ma=F$$

$$M(-\omega^2 x)=-\frac{\mu Mg}{L}x \qquad \therefore \quad \omega=\sqrt{\frac{\mu g}{L}}$$

これより単振動の周期を T とすると

$$T=\frac{2\pi}{\omega}=2\pi\sqrt{\frac{L}{\mu g}}$$

単振動の中心では合力 $F=0$ なので，①式より $x=0$ が中心である。また一
方の端が $x=d$ であるので，振幅は d である。ゆえに，速さの最大値を v_0
とすると

$$v_0=d\omega=d\sqrt{\frac{\mu g}{L}}$$

(4) ①式の復元力の係数より，復元力による位置エネルギーは $\dfrac{1}{2}\cdot\dfrac{\mu Mg}{L}x^2$ で
ある。位置 x での板の速さを v として，単振動のエネルギー保存則より

$$\frac{\mu Mg}{2L}d^2=\frac{1}{2}Mv^2+\frac{\mu Mg}{2L}x^2 \qquad \therefore \quad v=\sqrt{\frac{\mu g(d^2-x^2)}{L}}$$

力学

SECTION 9

図1のように，地球の中心 O を通り，地表のある地点 A と B を結ぶ細いトンネルがある。O を原点として B から A の向きに x 軸をとる。トンネル内における質量 m の小球の運動を考える。地球は半径 R，密度 ρ で一様な球とみなす。また万有引力定数を G とし，O から距離 r の位置において小球が地球から受ける力は，O から距離 r 内にある地球の部分の質量が O に集まったと仮定した場合に，小球が受ける万有引力に等しい。ただし，地球の自転と公転の影響，トンネルと小球の間の摩擦および空気抵抗は無視できるものとする。

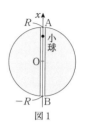

図1

小球を A から静かにはなしたときの運動について考える。

(1) 小球の位置が x $(|x| < R)$ のとき，小球にはたらく力を求めよ。

(2) 小球が x の位置を通過するときの速さと，A ではなしてから初めて A に戻ってくるまでの時間 T_0 を求めよ。

次に，小球を A から速さ v_1 で O に向けて投げ出したときの運動を考える。

(3) 小球が中心 O を通過するときの速さを求めよ。

(4) 小球が A を出発して初めて B に到達するまでの時間が $\dfrac{T_0}{4}$ であった。v_1 を求めよ。

また，図2のように，地表のある地点 C と D を結ぶ，地球の中心を通らない細いトンネルがある。トンネルの中点 O′ は，O から距離 $\dfrac{R}{2}$ だけ離れている。O′ を原点として D から C の向きに x' 軸をとる。小球を C から静かにはなした。

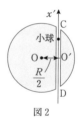

図2

(5) 小球の位置が x' のとき，小球にはたらく力の x' 成分を求めよ。

(6) 小球が O′ を通過するときの速さと，C ではなしてから初めて D に到達するまでの時間を求めよ。

設問別難易度：(1), (2) 😰😰😰😐😐　(3), (5) 😰😰😰😰😐　(4), (6) 😰😰😰😰😰

Point ┃ 問題文に書かれていることをしっかり読み，理解して適用する ≫ (1), (5)

地球の内部で物体にはたらく万有引力については，教科書には掲載されていない。しかし，本問では問題文に考え方が書かれているので，その場ですぐに理解し，数式化する力が必要である。入試ではまったく知らない現象などが出題されることがよく

あるが，物理の基本を理解していれば解けるようになっている。入試で試されるのは，文章で説明されたことを，物理法則を用いて数式化（抽象化）する力である。解き方の丸暗記ではなく，基本の理解と，読解力や思考力を鍛えることが大切である。

解答 （1） 半径 x 内にある部分の質量を M とすると

$$M=\rho\times\frac{4}{3}\pi x^3=\frac{4}{3}\pi\rho x^3$$

この質量の質点が O にあるとして，これより受ける万有引力が小球にはたらく力である。この力を f とする。f は常に中心 O 向きであることも考慮して

$$f=-\frac{GMm}{x^2}=-\frac{4\pi\rho Gm}{3}x \quad\cdots①$$

①式は復元力なので，小球は O を中心にトンネル内では単振動をすることがわかる。また，A が単振動の一方の端なので，振幅は R である。

（2） ①式より，復元力による位置エネルギーは

$$\frac{1}{2}\times\frac{4\pi\rho Gm}{3}x^2=\frac{2\pi\rho Gm}{3}x^2$$

なので，位置 x のときの速さを v として，単振動のエネルギー保存則より

$$\frac{2\pi\rho Gm}{3}R^2=\frac{1}{2}mv^2+\frac{2\pi\rho Gm}{3}x^2 \qquad \therefore\quad v=2\sqrt{\frac{\pi\rho G}{3}(R^2-x^2)}$$

小球の加速度を a として運動方程式を作ると，①式より

$$ma=-\frac{4\pi\rho Gm}{3}x \quad\cdots②$$

となる。角振動数を ω とし，単振動での公式 $a=-\omega^2 x$ を②式に代入して

$$-m\omega^2 x=-\frac{4\pi\rho Gm}{3}x \qquad \therefore\quad \omega=2\sqrt{\frac{\pi\rho G}{3}}$$

となる。A に戻るまでの時間は，単振動の1周期なので

$$T_0=\frac{2\pi}{\omega}=\sqrt{\frac{3\pi}{\rho G}}$$

（3） この場合もトンネル内で小球にはたらく力は①式で，トンネル内では O を中心とする単振動をする。O での速さを v_2 として，単振動のエネルギー保存則より

$$\frac{1}{2}mv_1{}^2+\frac{2\pi\rho Gm}{3}R^2=\frac{1}{2}mv_2{}^2 \qquad \therefore\quad v_2=\sqrt{v_1{}^2+\frac{4\pi\rho G}{3}R^2} \quad\cdots③$$

（4） B に到達したときの速さも v_1 である。A で投げ出した時刻を $t=0$ として，速度 v をグラフに表すと図3となる。小球がトンネル内にあるとき，運動

方程式は②式なので，周期は T_0 となり，A から B

までの時間が $\dfrac{T_0}{4}$ となるためには，三角関数の性

質を考えて

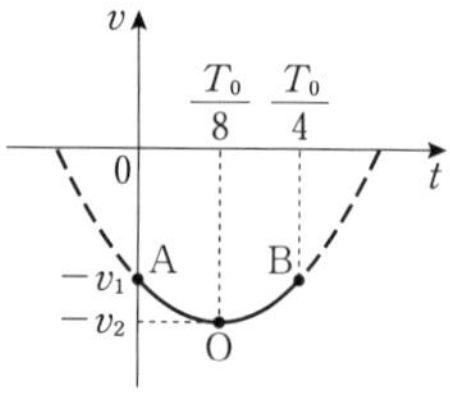

$$v_1 = \frac{v_2}{\sqrt{2}}$$

である必要がある。③式の v_2 を代入して v_1 を求め

ると

$$v_1 = \frac{1}{\sqrt{2}} \times \sqrt{v_1{}^2 + \frac{4\pi\rho G}{3}R^2}$$

$$\therefore \quad v_1 = 2R\sqrt{\frac{\pi\rho G}{3}}$$

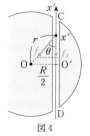

図3

(5) 図4のように小球の位置が x' のとき，中心 O からの距
離を r とすると，小球にはたらく力の大きさ $|f|$ は，(1)と
同様に考えて

$$|f| = \frac{4\pi\rho Gm}{3}r$$

この力の向きと x' 軸がなす角を θ とする。力の x' 軸方向
の成分を f_x とすると

図4

$$f_x = -|f|\cos\theta = -\frac{4\pi\rho Gm}{3}r \times \frac{x'}{r}$$

$$= -\frac{4\pi\rho Gm}{3}x' \quad \cdots ④$$

(6) ④式は復元力であるので，小球は O′ を中心とする単振動をする。復元力
の係数が①式と同じなので，角振動数は ω，周期も同じ T_0 である。また，
O′ から C までの距離 O′C が振幅で

$$O'C = \sqrt{(OC)^2 - (OO')^2} = \frac{\sqrt{3}}{2}R$$

である。ゆえに，O′ を通過するときの速さを v_3 とすると

$$v_3 = \frac{\sqrt{3}}{2}R \times \omega = R\sqrt{\pi\rho G}$$

C から D までの時間は周期の $\dfrac{1}{2}$ なので

$$\frac{T_0}{2} = \frac{1}{2}\sqrt{\frac{3\pi}{\rho G}}$$

問題53 難易度：☺☺☺☐☐

以下の空欄のア～シに入る適切な式を答えよ。

なめらかな水平面上に自然の長さが l_0 でばね定数 k のばねがある。いずれも質量 m の小球 P，Q をばねに衝突させる。ばねの質量は無視でき，衝突の際，力学的エネルギーが失われることはなく，小球の運動は，ばねを含む一直線上に限定されるものとする。また，図の右向きを正とする。

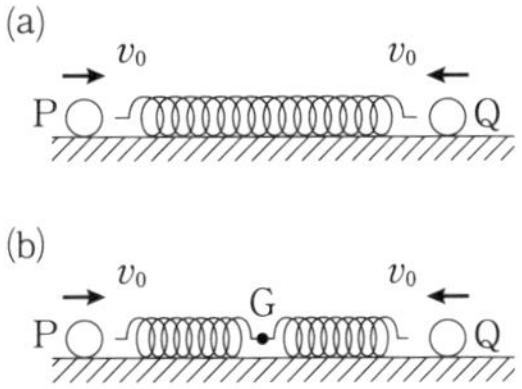

I. 図 1 (a)のように，P に右向きに速さ v_0，Q に左向きに速さ v_0 の初速度を与え，P，Q を同時にばねの左端と右端に衝突させた。衝突後の運動を，P，Q およびばねからなる物体系の重心から観測してみる。重心の速度は［ ア ］である。重心の位置は，常にばねの中点

(G とする) なので，重心から見ると，図 1 (b)のように重心に一端を固定した長さがそれぞれ $\dfrac{l_0}{2}$ で，ばね定数［ イ ］の 2 本のばねに P，Q が衝突するのと同じである。ゆえに，ばねと接している間，P，Q は，それぞれ単振動をする。小球がばねと衝突してからばねが最も縮むまでの時間は［ ウ ］である。また，P，Q の単振動の振幅はともに［ エ ］である。

II. 図 2 のように，Q をばねの右端に接触させて静止させておき，P を右向きに速度 v_0 でばねに衝突させる。衝突の瞬間を時刻 $t=0$ とする。I と同様に，P，Q の運動を重心から観測

図 2

しよう。重心の速度は［ オ ］で，重心から見た時刻 $t=0$ での Q の速度は［ カ ］なので，Q の単振動の振幅は［ キ ］である。また，ばねが最も縮んだとき，重心から見た P の速度は［ ク ］であるので，水平面から見た P の速度は［ ケ ］となる。ばねが自然の長さに戻ったときの時刻は［ コ ］で，そのときの水平面から見た Q の速度は［ サ ］である。P がばねと衝突した位置を原点 O として，水平面上に水平右向きに x 軸をとる。P がばねから離れるまで，P の位置 x を時刻 t の式で表すと，$x=$［ シ ］となる。

⁝ 設問別難易度：**ア, イ, オ, ク** ☺☺☐☐☐　　**ウ, エ, カ, キ, ケ～サ** ☺☺☺☐☐　　**シ** ☺☺☺☺☐

Point | **ばねの両端での単振動 1** ≫ **ア～シ**

本問のように，ばねの両端に物体がついた状態での運動の問題を解く方法はいくつ

かあるが，ここでは，重心から見て考える解法を学ぼう。重心にいる観測者から見ると，重心の位置で分割した2本のばねにより，それぞれの物体が運動している。本問のように全体の運動量が保存するような場合，重心の速度は変化しない（加速度が0）ので，重心から見て物体に慣性力ははたらかず，それぞれ単純な単振動となる。水平面から見た物体の運動は，重心の運動と，重心から見た物体の運動の合成になる。また，ばね定数は，ばねの長さに反比例することに注意すること。

解答　ア．P，Q および質量を無視できるばねからなる物体系の重心の速度を v_G とする。外力がはたらかないので v_G は一定である。衝突前の P の速度 v_0，Q の速度 $-v_0$ より

$$v_G = \frac{m(-v_0) + mv_0}{m+m} = 0$$

イ．それぞれ，自然の長さが $\frac{l_0}{2}$ のばねとなる。ばね定数は，長さに反比例するので　　$2k$

ウ．重心 G（速度 0）から見ると，それぞれ一端が G に固定された自然の長さ $\frac{l_0}{2}$，ばね定数 $2k$ のばねが 2 本あり，速度が P は v_0，Q は $-v_0$ で，自然の長さ（＝単振動の中心）からそれぞれの単振動が始まるように見える。P，Q の質量は m なので，それぞれの単振動の周期を T とすると，$T = 2\pi\sqrt{\dfrac{m}{2k}}$ である。最初にばねが最も縮むまでの時間は，どちらの単振動を考えても，中心から一方の端までの時間なので周期の $\dfrac{1}{4}$ である。ゆえに

$$\frac{T}{4} = \frac{\pi}{2}\sqrt{\frac{m}{2k}}$$

エ．それぞれの小球の単振動の振幅を A として

$$\frac{1}{2}mv_0{}^2 = \frac{1}{2} \cdot 2kA^2 \qquad \therefore \quad A = v_0\sqrt{\frac{m}{2k}}$$

別解　それぞれの単振動の最大の速さは v_0，角振動数は $\sqrt{\dfrac{2k}{m}}$ なので

$$A\sqrt{\frac{2k}{m}} = v_0 \qquad \therefore \quad A = v_0\sqrt{\frac{m}{2k}}$$

オ．重心の速度を $v_G{}'$ として，衝突前を考えて

$$v_G{}' = \frac{mv_0}{m+m} = \frac{v_0}{2}$$

カ．重心から見た Q の相対速度を u_Q とする。時刻 $t=0$ で Q の速度は 0 なので

$$u_Q = 0 - v_G' = -\frac{v_0}{2}$$

キ．重心の速度は一定なので，重心から観測すると P，Q には慣性力ははたらかない。重心から見ると，図 3 のように一端が G に固定された自然の長さ $\dfrac{l_0}{2}$，ばね定数 $2k$ のばねが 2 本あり，$t=0$ で速度が P は $\dfrac{v_0}{2}$，Q は $-\dfrac{v_0}{2}$ で，自然の長さ（＝単振動の中心）からそれぞれの

床から見た運動

重心から見た運動

図 3

単振動が始まる。対称性から P，Q の単振動の振幅は同じで A' とする。力学的エネルギー保存則より

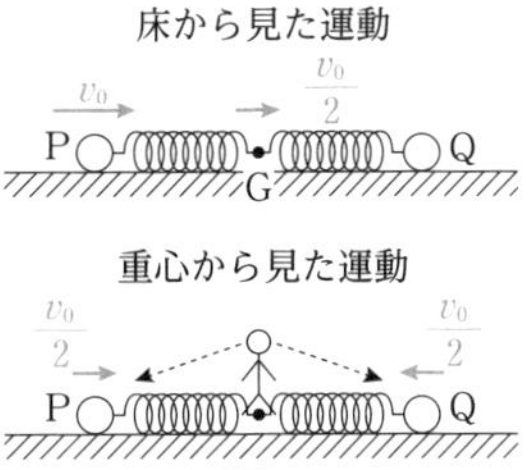

$$\frac{1}{2}m\left(-\frac{v_0}{2}\right)^2 = \frac{1}{2}\cdot 2kA'^2 \qquad \therefore \quad A' = \frac{v_0}{2}\sqrt{\frac{m}{2k}}$$

ク．ばねが最も縮むのは，重心から見て P が単振動の右端，Q が左端に来たときである。このとき，重心から見た速度は 0 である。

ケ．水平面から見た P の速度を v_P とする。重心から見た相対速度が 0 なので

$$0 = v_P - v_G' \qquad \therefore \quad v_P = v_G' = \frac{v_0}{2}$$

コ．それぞれの単振動の周期は，$\mathbf{I}$ と同じ $T = 2\pi\sqrt{\dfrac{m}{2k}}$ である。自然の長さに戻るまでの時間は単振動の周期の $\dfrac{1}{2}$ なので

$$\frac{T}{2} = \pi\sqrt{\frac{m}{2k}}$$

サ．Q が単振動の中心に戻ったときなので，重心から見た Q の速度は $\dfrac{v_0}{2}$ である。水平面から見た Q の速度を v_Q として

$$\frac{v_0}{2} = v_Q - v_G' \qquad \therefore \quad v_Q = \frac{v_0}{2} + v_G' = v_0$$

シ．時刻 $t=0$ での P の位置を原点 O' とし，重心とともに動く座標軸 X をとる。ただし右向きを正とする。P は X 軸上で，時刻 $t=0$ のとき O を速度 $\dfrac{v_0}{2}$ で通過し，振幅 A で O を中心とする単振動をする。角振動数は $\sqrt{\dfrac{2k}{m}}$ であるので，時刻 t での P の位置 X は

$$X = A\sin\sqrt{\frac{2k}{m}}\, t = \frac{v_0}{2}\sqrt{\frac{m}{2k}}\,\sin\sqrt{\frac{2k}{m}}\, t$$

座標軸 X は水平面に対して速度 $\dfrac{v_0}{2}$ で動いているので，水平面での P の位置 x は

$$x = \frac{v_0}{2}t + X = \frac{v_0}{2}t + \frac{v_0}{2}\sqrt{\frac{m}{2k}}\,\sin\sqrt{\frac{2k}{m}}\, t$$

問題54　難易度：😊😊😊😊◻

次の文を読んで，[　　　]に適した式または数をそれぞれ記せ。

図1のように，水平な床の上を摩擦なし
に動くことのできる質量 M[kg]の台車が
ある。台車上で，質量 m[kg]の小球がば
ね定数 k[N/m]のばねで台車の端につな
がれ，一方の端には質量 m_0[kg]の小物

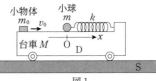

図1

体が置かれている。初め，ばねは自然長であり，台車，小球，および小物体は
静止している。小物体を速度 v_0[m/s]で小球に向けてすべらせた後の，台車，
小球，および小物体の運動について考える。以下，台車に固定した座標系を
D，床に固定した静止座標系を S と呼ぶ。座標系 D での小球の位置は，ばね
が x[m]縮んだときを正，伸びたときを負として座標 x で表す。座標系 S で
は右方向を正とする。運動は全て同一鉛直面内で起こり，ばねは質量が無視で
き十分長く，台車と小球の間の摩擦は常に無視できるとする。重力加速度の大
きさを g[m/s²]とする。

(1) 小物体と台車の間の摩擦が無視でき，小物体は1回だけ小球と完全弾性衝
突をし，以後小球と衝突することはなかったとする。衝突直後の小物体の速
度は[　イ　][m/s]，小球の速度 v[m/s]は $v=$[　ロ　]である。ここで，
衝突後の台車と小球の運動を考えよう。小球の座標が x であるとき，座標
系 S で台車の運動を観測すると，台車の加速度 b[m/s²]は，$b=$[　ハ　]
である。このときの座標系 D での小球の加速度を a[m/s²]とすると，小球
の運動方程式は b を用いて $ma=$[　ニ　]と書ける。この式から，座標系
D での小球の運動は単振動であり，その周期は[　ホ　][s]，振動の中心は
$x=$[　ヘ　]であることがわかる。この単振動の振幅を求めるために，ばね
が最も縮んだときを考える。このときの座標系 S での台車と小球の速度は，
両者の相対速度が0であることと運動量保存則を使って，v を用いて[　ト
　][m/s]と表される。この結果とエネルギー保存則を使うと，振幅は v を
用いて[　チ　][m]と表されることがわかる。

(2) 次に，小物体と台車の間に摩擦があり，小物体は小球に衝突することなく
台車上で静止したとする。小物体が静止するまでの運動を考える。ただし，
動摩擦係数を μ とする。小球の座標が x であるとき，座標系 S での台車の
加速度 b'[m/s²]は $b'=$[　リ　]である。このときの座標系 D での小球の
加速度を a'[m/s²]とすると，小球の運動方程式は b' を用いて $ma'=$[　ヌ
　]と書ける。これより，座標系 D での小球の運動は単振動であり，その
中心は $x=$[　ル　]であることがわかる。

設問別難易度：イ～ハ 😊😊◻◻◻　　ニ～チ, ヌ 😊😊😊◻◻　　リ, ル 😊😊😊😊◻

ばねの両端での単振動 2 >> ニ～ヘ，ヌ，ル

　ばねの両端に物体がついた状態での運動について，もう１つの解法が，本問のように，一方の物体にいる観測者からもう一方の物体を見て解くものである。この場合，観測者も加速度運動をするので，慣性力を考える必要があるが，慣性力を含んだ合力が復元力となり，単振動をする。復元力による位置エネルギーを考えて，単振動のエネルギー保存則を使うことも可能である。

Point 2 **相対運動と換算質量** >> ホ

　本問のように，外力がはたらかない物体系で，質量 M の台車上の観測者から質量 m の小球の運動を観測すると，小球の運動（台車に対する相対運動）は，質量 $\dfrac{mM}{m+M}$ の小球に内力がはたらいていると考えたときの運動になる。この質量を換算質量という。このこと自体を知らないと解けない入試問題はないが，知っていると便利である。

解答　**イ・ロ.** 衝突直後の小物体の速度を v'[m/s] とし，運動量保存則より
$$m_0 v_0 = m_0 v' + mv \quad \cdots ①$$
　　完全弾性衝突であるので，反発係数は１である。反発係数の式より
$$1 = -\frac{v' - v}{v_0} \quad \cdots ②$$
　　①，②式より
$$v' = \frac{m_0 - m}{m_0 + m} v_0 \, [\text{m/s}]$$
$$v = \frac{2m_0}{m_0 + m} v_0 \, [\text{m/s}]$$

ハ. 小球の位置が x のとき，ばねの伸びは x なので，図２(a)のように，台車にはばねから大きさ kx の弾性力がはたらく。台車の運動方程式は
$$Mb = kx$$
$$\therefore \quad b = \frac{kx}{M} \, [\text{m/s}^2]$$

ニ. 座標系 D で見ると，図２(b)のように，小球には弾性力に加えて慣性力がはたらく。D での小球の運動方程式は
$$ma = -kx - mb \quad \cdots ③$$

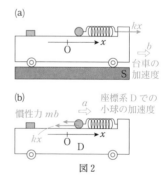

(a)

kx

b 台車の加速度

S

(b) 座標系 D での小球の加速度 a

慣性力 mb

kx

O D

x

図2

ホ．③式に b を代入して

$$ma=-kx-\frac{m}{M}kx=-\frac{M+m}{M}kx \quad \cdots ④$$

これは単振動であり，周期を T とすると，④式の右辺の係数より

$$T=2\pi\sqrt{\frac{m}{\dfrac{M+m}{M}k}}=2\pi\sqrt{\frac{mM}{k(M+m)}} \text{ (s)}$$

(参考) ④式の運動方程式を整理すると

$$\frac{mM}{m+M}a=-kx$$

となる。つまり座標系 D で見た小球の運動は，ばね定数 k のばねで，質量 $\dfrac{mM}{m+M}$ の小球が単振動をしているのと同じになる。この質量を換算質量という（なお，小物体については，衝突時以外，台車と小球の水平方向の運動に影響を与えないので，考慮しなくてよい）。

ヘ．単振動の中心は，加速度 a が 0 となる点なので，④式より

$$0=-\frac{M+m}{M}kx \quad \therefore \quad x=0$$

ト．相対速度が 0 であるので，小球と台車の速度は等しい。この速度を V として，運動量保存則より

$$mv=(M+m)V \quad \therefore \quad V=\frac{mv}{M+m} \text{ (m/s)}$$

チ．ばねが最も縮んだとき，座標系 D で見た小球は単振動の右端で，振幅を A とすると，このとき $x=A$ である。台車と小球の力学的エネルギー保存則より，V も代入して

$$\frac{1}{2}mv^2=\frac{1}{2}(M+m)V^2+\frac{1}{2}kA^2 \quad \therefore \quad A=v\sqrt{\frac{mM}{k(M+m)}} \text{ (m)}$$

別解 1 　座標系 D で見て，小球にはたらく復元力の位置エネルギーは，④式より $\dfrac{1}{2}\left(\dfrac{M+m}{M}k\right)x^2$ である。座標系 D で見た単振動のエネルギー保存則より

$$\frac{1}{2}mv^2=\frac{1}{2}\left(\frac{M+m}{M}k\right)A^2 \quad \therefore \quad A=v\sqrt{\frac{mM}{k(M+m)}} \text{ (m)}$$

別解 2 　座標系 D で見て，換算質量 $\dfrac{mM}{m+M}$ の小球がばね定数 k のばねで単振動をしていると考えて，力学的エネルギー保存則より

$$\frac{1}{2}\left(\frac{mM}{m+M}\right)v^2=\frac{1}{2}kA^2 \quad \therefore \quad A=v\sqrt{\frac{mM}{k(M+m)}} \text{ (m)}$$

リ．台車には小物体からの動摩擦力も含めて，図3(a)のように力がはたらく。台車の運動方程式は

$$Mb' = kx + \mu m_0 g$$

$$\therefore \quad b' = \frac{kx + \mu m_0 g}{M} \, [\mathrm{m/s^2}]$$

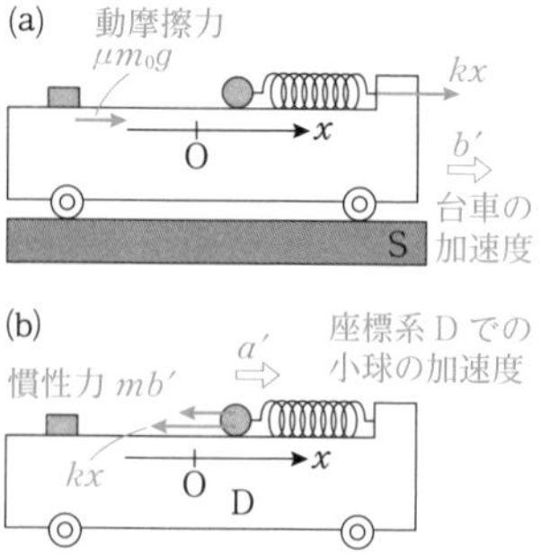

(a) 動摩擦力 $\mu m_0 g$, kx, b' 台車の加速度, S

ヌ．座標系Dで見ると，小球にはたらく力は図3(b)のようになる。Dでの小球の運動方程式は

$$ma' = -kx - mb' \quad \cdots ⑤$$

(b) 慣性力 mb', kx, a' 座標系Dでの小球の加速度, D

図3

ル．⑤式に b' を代入して

$$ma' = -kx - \frac{m}{M}(kx + \mu m_0 g) = -\frac{M+m}{M}kx - \frac{\mu m m_0 g}{M}$$

これは中心が $x=0$ からずれた単振動の式で，$a'=0$ となる位置が中心なので

$$0 = -\frac{M+m}{M}kx - \frac{\mu m m_0 g}{M} \qquad \therefore \quad x = -\frac{\mu m m_0 g}{k(M+m)}$$

第2章 波動

SECTION 1 波の性質
SECTION 2 音　波
SECTION 3 光　波

> SECTION 1 波の性質の重要問題をすべてマスターしてから，音波や光波の問題に取り組むといいよ。
>
> SECTION 3 光波の最後の2題はかなり難しいけど，力試しと思って，ぜひチャレンジしてみてほしいな。

波の性質

重要

問題55 難易度：🙂🙂🙂◻◻

　右図において，原点 O の媒質は変位 $y = A\sin\dfrac{2\pi t}{T}$ で表される単振動をし，その振動が x 軸の正の向きに伝わっていく波を考える。A[m] は振幅，T[s] は周期，t[s] は時間である。この波は距離 L[m] のところの反射面で，同位相で反射する。波は媒質中を速度 v[m/s] で減衰せずに伝わり，また反射による減衰はないものとする。次の問いの [　　] 内に適当な式または数値を入れよ。

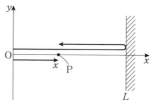

(1) この波の波長 λ[m] は T と v により [　ア　] と表せる。

(2) 原点 O を発した波は原点 O より距離 x[m]（$0 < x < L$）離れた点 P に遅れて到達する。波の速度は v であるから，遅れの時間は v と x より [　イ　] と表せる。したがって，点 P での変位 y_1[m] は $y_1 =$ [　ウ　] と表せる。

(3) 原点 O から距離 L のところで反射して点 P に達した波（反射波）はさらに遅れる。原点からの遅れの時間は L と v と x より [　エ　] と表せる。反射波は同位相で反射するので，点 P での反射波の変位 y_2[m] は $y_2 =$ [　オ　] と表せる。

(4) 点 P の変位 y_x[m] は原点から直接到達した波の変位 y_1 と反射波の変位 y_2 の和で求められる。y_x を積の形に書き直すと $y_x =$ [　カ　] となる。

(5) (4)より，x 軸上で時間によらず振動しない点があることがわかる。L が λ に等しいとき，この位置は OL 間に [　キ　] 点ある。原点 O に近い点の座標を L により表すと $x =$ [　ク　] となる。

設問別難易度：ア，イ 🙂◻◻◻◻　ウ，エ 🙂🙂◻◻◻
オ，カ，ク 🙂🙂🙂◻◻　キ 🙂🙂🙂🙂◻

Point 1　進行波の式 ≫ **ウ，オ**

　進行波は，媒質のある点の振動が媒質中を少しずつ遅れて伝わる。進行波の式もこの考え方で求めればよい。以下のような順で求めることができる。

(ⅰ) 基準となる点（原点や波源，反射が起こる点など）で，時間 t での変位 y を示す式（単振動の式）を作る。

(ⅱ) 基準となる点から任意の位置 x まで，波が伝わる時間 Δt を求め，(1)で求めた式の時刻 t を $t-\Delta t$ と置き換える。これが位置 x で時刻 t での変位 y を与える進行波の式である。

Point 2　定常波の式　≫ カ

　同じ性質をもつ 2 つの進行波が互いに逆向きに進むと定常波（定在波）ができる。定常波は，媒質の各点が，位置 x によって決まる異なる振幅で，単振動をしていると考えればよい。定常波を式で表すためには， 2 つの進行波の式を求めて和をとる。定常波の式は，x で決まる振幅を表す部分と，t を含んで単振動を表す部分からなる。

解答　ア．波の基本公式より　　$\lambda=vT\,[\text{m}]$

　　　イ．遅れの時間を t_1 とすると　　$t_1=\dfrac{x}{v}\,[\text{s}]$

　　　ウ．原点より t_1 だけ遅れた振動をするので，遅れの時間 t_1 を t から引いて

$$y_1=A\sin\frac{2\pi}{T}(t-t_1)=A\sin\frac{2\pi}{T}\left(t-\frac{x}{v}\right)[\text{m}]$$

$$\left(\text{さらに}\lambda\text{を用いると }y_1=A\sin2\pi\left(\frac{t}{T}-\frac{x}{vT}\right)=A\sin2\pi\left(\frac{t}{T}-\frac{x}{\lambda}\right)\text{となる。}\right)$$

　　　エ．原点を出発した波が，反射面に当たって反射し，x に到達するまでの距離は $L+(L-x)=2L-x$ なので，遅れの時間を t_2 とすると

$$t_2=\frac{2L-x}{v}\,[\text{s}]$$

　　　オ．反射面は，反射の際の位相の変化のない自由端である。ウと同様に，遅れの時間 t_2 を t から引いて

$$y_2=A\sin\frac{2\pi}{T}(t-t_2)=A\sin\frac{2\pi}{T}\left(t-\frac{2L-x}{v}\right)$$

$$=A\sin\frac{2\pi}{T}\left(t+\frac{x}{v}-\frac{2L}{v}\right)[\text{m}]$$

$$\left(\text{さらに}\lambda\text{を用いると}\right.$$

$$\left.y_2=A\sin2\pi\left(\frac{t}{T}+\frac{x}{vT}-\frac{2L}{vT}\right)=A\sin2\pi\left(\frac{t}{T}+\frac{x}{\lambda}-\frac{2L}{\lambda}\right)\text{となる。}\right)$$

　　　カ．**合成波の変位 y_x は，重ね合わせの原理より 2 つの波の変位の和で，三角**関数の公式 $\sin A+\sin B=2\sin\dfrac{A+B}{2}\cdot\cos\dfrac{A-B}{2}$ を用いて

$$y_x = y_1 + y_2 = A\sin\frac{2\pi}{T}\left(t - \frac{x}{v}\right) + A\sin\frac{2\pi}{T}\left(t + \frac{x}{v} - \frac{2L}{v}\right)$$

$$= 2A\sin\frac{2\pi}{T}\left(t - \frac{L}{v}\right)\cdot\cos\frac{2\pi}{T}\left(\frac{L-x}{v}\right)\,[\text{m}] \quad \cdots①$$

キ．①式に $\lambda = vT$ を代入して，さらに項の順番を入れ替えると

$$y_x = 2A\cos 2\pi\left(\frac{L-x}{\lambda}\right)\cdot\sin 2\pi\left(\frac{t}{T} - \frac{L}{\lambda}\right)$$

となる。$2A\cos 2\pi\left(\dfrac{L-x}{\lambda}\right)$ は x によって決まる。**また $\sin 2\pi\left(\dfrac{t}{T} - \dfrac{L}{\lambda}\right)$ は時間 t の関数で，周期 T の単振動をすることを示す。つまり，位置 x では，振幅 $\left|2A\cos 2\pi\left(\dfrac{L-x}{\lambda}\right)\right|$ の単振動をする**と考えればよい。この振幅が 0 となる点が，時間によらず振動しない点，つまり定常波の節であるので，m を整数として

$$2\pi\left(\frac{L-x}{\lambda}\right) = \frac{\pi}{2}(2m+1)$$

$$\therefore \quad x = L - \left(\frac{m}{2} + \frac{1}{4}\right)\lambda \quad (\text{ただし，} m = 0,\ \pm1,\ \pm2,\ \cdots)$$

が成り立つ点である。$L = \lambda$ として，$0 \leqq x \leqq L$ の範囲で考えると，これが成り立つのは

$$x = \left(\frac{3}{4} - \frac{m}{2}\right)L = \frac{L}{4},\ \frac{3L}{4}$$

の 2 点である。

別解　式を用いなくても，節の位置は容易にわかる。自由端反射による定常波であるので，反射面（自由端自体）は必ず腹になる。腹と節の間隔は $\dfrac{\lambda}{4} = \dfrac{L}{4}$ なので，反射面に最も近い節の位置は

$$x = L - \frac{L}{4} = \frac{3L}{4}$$

節と節の間隔は $\dfrac{\lambda}{2} = \dfrac{L}{2}$ であるので，反射面に近い順に節の位置は

$$x = \frac{3L}{4},\ \frac{L}{4},\ -\frac{L}{4},\ \cdots$$

となる。ゆえに，$0 \leqq x \leqq L$ の範囲では $x = \dfrac{L}{4},\ \dfrac{3L}{4}$ の 2 カ所である。

ク．原点に近い節の位置は　　$x = \dfrac{L}{4}$

問題56 難易度：☺☺☺▢▢

図1のように，水槽の器壁から 3.0 m 離れた点 O を波源として，振動数 5.0 Hz の円形波が次々と送り出され，水面上を伝わっていく。図で円は水面波の山の位置を表している。O を通り器壁に平行な直線上で O から 8.0 m 離れた点を P とする。O から P の向きに伸びる半直線を破線で表し，L と呼ぶ。O から送り出された波はやがて器壁で反射するが，反射の際，波の振幅および位相は変わらないとする。また，水槽内の水面は十分に広く水深は一様で，一度反射した波

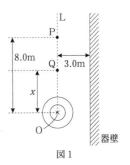

図1

が再び器壁に戻ることはなく，水面を伝わる波の速さは一定であるとする。さらに，波の振幅の減衰は無視できるものとする。

(1) O から出た 1 つの円形波が器壁に届き反射した後，反射波の山が P に達した。この瞬間の，波全体の山の位置（実線）を正しく表した図は(ア)～(エ)のどれか。

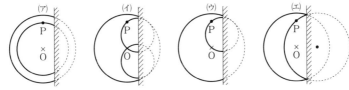

ここで L 上の任意の点を Q とし，OQ $=x$ [m] とおく。Q での，O から直接届いた波と器壁で反射して届いた波の干渉を考える。

(2) 波長を λ [m]，$n=1, 2, \cdots$ として，Q で 2 つの波が弱め合う条件を書くと，$\boxed{} = (2n-1) \cdot \dfrac{\lambda}{2}$ となる。$\boxed{}$ に当てはまる式を入れよ。

いま $x=8.0$ m の点 P では 2 つの波が干渉した結果，互いに弱め合い，水位が変化しないという。また，L 上で水位が同様に変化しない点のうち，O から見て P よりも遠くにあるのは 2 個だけであった。

(3) P は L 上で(2)で得られた条件を満たす点のうち，n がいくつに相当するか。

(4) λ は何 m か。

(5) L 上で OP 間に，O と P 以外で水位が変化しない点は何個あるか。

(6) O を通り器壁に垂直な直線上で，O から直接届いた波と器壁で反射して届いた波が干渉して強め合う点のうち，O に最も近い点の O からの距離は何 m か。

(7) この水面波の速さは何 m/s か。

⊃設問別難易度：(1), (2), (7) ☺☺▢▢▢ (3)～(6) ☺☺☺▢▢

　ある波源 S から平面を伝わる波が壁で反射される場合，反射波は，S の壁に対して対称な点を波源とする波であると考えればよい。

　2 つの点波源 S_1，S_2 から波長 λ の波が同位相で出る場合，ある点 P での波の干渉条件は，m を整数として

$$\text{強め合う条件：}S_1P-S_2P=0,\ \pm\lambda,\ \pm2\lambda,\ \cdots=m\lambda$$

$$\text{弱め合う条件：}S_1P-S_2P=\pm\frac{\lambda}{2},\ \pm\frac{3\lambda}{2},\ \cdots=\left(m+\frac{1}{2}\right)\lambda$$

となる。強め合う点を結んだ線＝腹線を実線で，弱め合う点を結んだ線＝節線を点線で描くと図 2 のようになる。これらの数を考える際には以下のようにする。

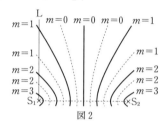

図 2

- 2 つの波源を結んだ線分 S_1S_2 上について考える。S_1S_2 間は，定常波ができている。波源の振動が同位相であれば，中点は腹になる。定常波の腹，

　または節どうしの間隔は元の波の $\dfrac{\lambda}{2}$，隣り合う腹と節の間隔は $\dfrac{\lambda}{4}$ である。これより，線分上で腹と節の位置は容易にわかるので，腹，節の個数を求めることができる。

- それ以外の位置，例えば図 2 の半直線 L 上の腹や節の数は，S_1S_2 上の腹や節を通る腹線，節線を考える。これらの線は双曲線になる（ただし，中点を通る線は直線である）。これらの腹線，節線と L が交わることを考えて，個数を求めることができる。

解答　(1)　器壁は自由端で，**器壁で反射される波は，O の器壁に対して対称な点 O′ にある O と同位相の波源からの波**と考えればよい。O からの波と O′ からの波は，器壁の位置で一致するので図 3 のようになる。ゆえに，正しい図は　(エ)

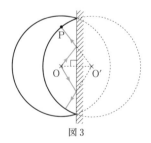

図 3

　　　(2)　距離 OQ＝x，OO′＝6.0 m より，O′ からの距離 O′Q は

$$O'Q=\sqrt{x^2+6.0^2}=\sqrt{x^2+36}$$

ゆえに，Q で O からの波と，O′ からの波が弱め合う条件は

$$O'Q-OQ=\frac{\lambda}{2}, \ \frac{3\lambda}{2}, \ \frac{5\lambda}{2}, \ \cdots =(2n-1)\cdot\frac{\lambda}{2}$$

$$\sqrt{x^2+36}-x=(2n-1)\cdot\frac{\lambda}{2} \quad \cdots ①$$

(3) O と器壁の間について考える。O から器壁に下ろした垂線が器壁と交わる点を C とする。OC 間では C への入射波と C からの反射波で定常波ができる。C は自由端であるので腹となる（O と O′ からの波による定常波と考えても，C は中点であるので腹である）。ゆえに，C から O に向かって順に，①式の $n=1$, 2, $\cdots$ に当たる弱め合う点＝節ができる。水面上で，$n=3$ までの節ができる点を結ぶと図 4 のような節線となり，**節線は双曲線で，どこかで L と交わる**。問題より P より遠い L 上で交わるのは，$n=1$, 2 の 2 本の節線なので（図では描けていないが，$n=1$, 2 の節線は P より上の位置で L と交わる），P を通過する節線は　　$n=3$

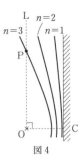

図 4

(4) ①式に，$n=3$, $x=8.0$ m を代入して λ を求める。

$$\sqrt{8.0^2+36}-8.0=(2\times3-1)\cdot\frac{\lambda}{2} \quad \therefore \quad \lambda=0.80 \text{ m}$$

(5) **OC 間にできる定常波の腹と節は図 5 のようになる。**O から 2.0 m の点にできる節（C から 3 番目の節）が，(3) の $n=3$ の節に相当する。$n=3$ の節より O 側にある節を通る節線が OP を横切る。ゆえに，$n=4$, 5, 6, 7 の 4 個。

節の O からの距離

O 0.4 0.8 1.2 1.6 2.0 2.4 2.8
●○×○×○×○×○×○×○×○ C
  0.2 0.6 1.0 1.4 1.8 2.2 2.6 3.0

○腹
×節

腹の O からの距離

図 5

(6) 図 5 より，O に最も近い腹の O からの距離は　　0.20 m

(7) 速さ ＝ 波の基本公式より　　$5.0\times0.80=4.0$ m/s

図1のようにxy平面に広がる水面が，x軸を境界として水深が異なる2つの領域に分かれている。領域A（$y>0$）における波の速さをV，領域B（$y<0$）における波の速さを$\dfrac{V}{2}$とする。簡単のため，波の反射と屈折は境界で起こり，反射する際に波の位相は変化しないと仮定する。図1のように，領域Aの座標$(0, d)$の点Pに波源を置く。波源は一定の周期で振動し，周りの水面に同心円状の波を広げる。

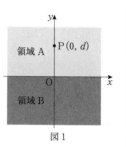

図1

(1) 領域Aにおけるこの波の波長を$\dfrac{d}{2}$とする。その波の振動数を，V, dを用いて表せ。また，同じ波源が領域Bにある場合，そこから出る波の波長を求めよ。

(2) 波長に比べて水深が十分に小さい場合，波の速さvは重力加速度の大きさgと水深hを用いて$v=g^a h^b$と表される。ここでa, bは定数である。両辺の単位を比較することによりa, bを求めよ。

(3) 図2のように，波源Pから出た波が境界上の点Qで反射した後，座標(x, y)の点Rに伝わる場合を考える。点Qの位置は反射の法則により定まる。このとき，距離PQ+QRを，x, y, dを用いて表せ。

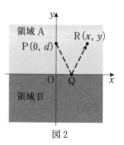

図2

(4) 直線$y=d$上の座標(x, d)の点で，波源から直接伝わる波と境界からの反射波が弱め合う条件を，x, dと整数nを用いて表せ。また，そのような点は直線$y=d$上に何個あるか。

(5) 領域Bにおいて波源と同じ位相をもつ波面のうち，原点Oから見て最も内側のものを考える。図3のように，その波面とx軸（$x>0$）との交点をT，y軸との交点をSとし，点Tにおける屈折角をθとする。点S，Tの座標と$\sin\theta$を求めよ。

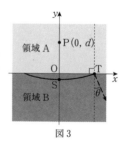

図3

Point 1 反射による干渉 ≫ (3)

問題 56 と同様に，反射による干渉である。領域 A と B の境界で反射される波は，P の境界に対して対称な位置にもう 1 つの波源があり，その波源からの波と考える。また，領域 A 内では，この 2 つの波源からの波の干渉が起こると考える。

Point 2 屈折 ≫ (5)

領域 A，B での波の速さ，波長をそれぞれ v_A，v_B，λ_A，λ_B とする。波の，領域 A から境界への入射角を θ_A，領域 B での屈折角を θ_B とすると，屈折の法則より

$$\frac{\sin\theta_A}{\sin\theta_B} = \frac{v_A}{v_B} = \frac{\lambda_A}{\lambda_B}$$

となる。この式にしたがって計算すればよい。

解答 (1) 領域 A での波長を λ_A，波の振動数を f とする。$\lambda_A = \dfrac{d}{2}$ なので，波の基本公式より

$$f = \frac{V}{\dfrac{d}{2}} = \frac{2V}{d}$$

この波源が領域 B にある場合，領域 B での波の波長を λ_B とする。波源の振動数は f なので

$$\lambda_B = \frac{\dfrac{V}{2}}{f} = \frac{d}{4}$$

(2) それぞれの物理量の単位は，$v(m/s) = [m^1 \cdot s^{-1}]$，$g(m/s^2) = [m^1 \cdot s^{-2}]$，$h(m) = [m^1]$ である。これより，$v = g^a \cdot h^b$ の単位について考えると

$$[m^1 \cdot s^{-1}] = [m^1 \cdot s^{-2}]^a \cdot [m^1 \cdot s^0]^b$$

となる。$[m]$ と $[s]$ のそれぞれの指数について整理して

$$[m] : 1 = a + b$$
$$[s] : -1 = -2a + 0$$

これより $a = \dfrac{1}{2}$，$b = \dfrac{1}{2}$

参考 一般に水深が波長に比べて十分に小さい場合，水面を伝わる波の速さ v は，$v = \sqrt{gh}$ となる。

(3) 領域 B との境界面で反射する波は，**P の境界面に対して対称な点 P′ を波源とする波**であると考えればよい。図4より

$$PQ+QR=P'Q+QR=\sqrt{x^2+(y+d)^2} \quad \cdots ①$$

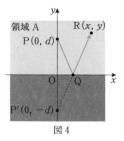

図4

(4) P から座標 (x, d) の点までの反射波の経路の長さは，①式に $y=d$ を代入して，$\sqrt{x^2+4d^2}$ である。ゆえに，座標 (x, d) の位置で，P から直接伝わる波と反射波の経路差は $\sqrt{x^2+4d^2}-|x|$ となる。この位置で波が弱め合う条件は

$$\sqrt{x^2+4d^2}-|x|=\frac{\lambda_A}{2},\ \frac{3\lambda_A}{2},\ \frac{5\lambda_A}{2},\ \cdots=\frac{d}{4},\ \frac{3d}{4},\ \frac{5d}{4},\ \cdots$$

$$\therefore\ \sqrt{x^2+4d^2}-|x|=\frac{d}{4}(2n+1)$$

y 軸上の PO 間には，P からの波と O からの反射波で定常波ができる。**PO間に生じる節を考える**。O は自由端で腹であり，腹と節の間隔は $\frac{\lambda_A}{4}=\frac{d}{8}$，節と節の間隔は $\frac{\lambda_A}{2}=\frac{d}{4}$ なので，PO間で節の位置の y 座標は

$$y=\frac{d}{8},\ \frac{3d}{8},\ \frac{5d}{8},\ \frac{7d}{8}$$

の4カ所である。図5のように，この節を通る節線が4本ある。これらの節線は双曲線で，全て $y=d$ の直線と交わり，交点は8カ所である（ただし，図5では全ての交点を描けていない）。

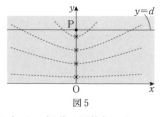

図5

ゆえに，$y=d$ 上の節の個数は　　8 個

(5) P から O までの距離 $d=2\lambda_A$ であるので，P と O の振動は同位相である。y 軸上で P から見て O の次に遠方にある同位相の点 S は，**領域 B 中で O からさらに1波長 λ_B だけ離れた点**である。$\lambda_B=\frac{d}{4}$ なので，S の y 座標は $-\frac{d}{4}$ である。また，この**波面は P から3波長分だけ離れた位置にあるので**，領域 A 内では P から $3\lambda_A=\frac{3}{2}d$ だけ離れた位置となる。ゆえに，x 軸と交わる点 T の位置 x は

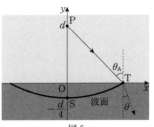

図6

$$\sqrt{x^2+d^2}=3\lambda_A=\frac{3}{2}d$$

$$\therefore \quad x=\frac{\sqrt{5}}{2}d$$

これらをまとめると図6のようになり

$$S\left(0,\ -\frac{d}{4}\right)\ ,\quad T\left(\frac{\sqrt{5}}{2}d,\ 0\right)$$

また，T で領域 B との境界面への波の入射角を θ_A とすると

$$\sin\theta_A=\frac{OT}{PT}=\frac{\dfrac{\sqrt{5}}{2}d}{\dfrac{3}{2}d}=\frac{\sqrt{5}}{3}$$

屈折の法則より

$$\frac{\sin\theta_A}{\sin\theta}=\frac{V}{\dfrac{V}{2}}$$

$$\therefore \quad \sin\theta=\frac{\sin\theta_A}{2}=\frac{\sqrt{5}}{6}$$

問題58 難易度：

図1のように，広くて水深が一定の水槽中の水面で2枚の板1，2を同じ周期Tで振動させて波源とし，異なる方向に進む波長λの平面波を作る。板1からの波を波1，板2からの波を波2とする。図中の矢印は波の進行方向を示す。波1と波2の位相が一致する水面の1点を原点Oとして，水平に図1のようにx，y軸をとる。波1，2は，それぞれx軸から角θの方向に進む。図2は，点O付近の水面を拡大したもので，実線の直線はそれぞれの波の山の波面，点線は谷の波面を示す。波は減衰せず一定の速さで伝わる正弦波とする。

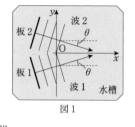

図1

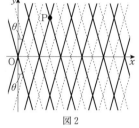

図2

(1) この波が進む速さを求めよ。

(2) 図2中の点Pは，2つの波の山が重なり，変位が元の波の2倍の山となっている点である。この2倍の山が移動する向きと，移動の速さを求めよ。

(3) 水面上で，常に変位が0の点を結ぶと，複数の平行な直線＝節線となる。この節線は，x軸に"平行"か"垂直"かを求めよ。また，節線の間隔を求めよ。

時刻tで，点Oでの波1，波2の変位z_1，z_2がともに$z_1 = z_2 = A\sin\dfrac{2\pi}{T}t$であった。ある位置$Q(x, y)$で，合成波の変位を考えてみよう。

(4) 点Qを通る波1の波面と，点Oを通る波1の波面の間の距離を求めよ。また，これより時刻tでの点Qでの波1の変位z_1を求めよ。

(5) 同様に波2の変位を考えることにより，点Qでの合成波の変位zを求めよ。

(6) 変位zの式より，節線のy座標を整数mを用いて表せ。

(7) x軸に沿って合成波を観測すると，どのような波が観測されるか，変位zの式より考えよ。またx軸に沿った波の波長，速さを求めよ。

設問別難易度：(1) ▢▢▢▢▢ (2), (3) ▢▢▢▢▢ (4)〜(7) ▢▢▢▢▢

Point 1 平面波の干渉，腹線と節線 ≫ (2), (3)

性質が同じで進行方向が交差する平面波が重なると，一般に直線の腹線，節線ができる。腹線を考えるには，まず，2つの波の山と山（または谷と谷）が重なり元の波の2倍の山（または2倍の谷）となる点を1点選ぶ。次に少しだけ時間が経過したと

きの2つの波の波面の移動を考えて、この2倍の山（あるいは谷）がどう動くか考える。2倍の山（谷）が動く方向に腹線ができる。節線は、2本の腹線の間にあると考えればよい。

Point 2 **平面波（直線波）の式** ≫ (4), (5)

　平面波のある点（本問では原点）の変位の式から任意の点の変位を求める場合、遅れの時間を単純に2点間の距離から求めることはできない。同位相の点の集合が波面であるので、基準となる点を通る波面と、任意の点を通る波面の距離から遅れの時間を求めて、波の式を求めればよい。

解答　(1)　波の伝わる速さを v とする。波の基本公式より

$$v=\frac{\lambda}{T}$$

(2)　ある時間が経過したとき、移動したそれぞれの波の山の波面を考える。時間 T だけ経過すると、図3のように、波面は距離 λ だけ移動し、Pにあった2倍の山はP′に移動するので、x 軸正の向きに動く。

　　　移動する向き：x 軸正の向き

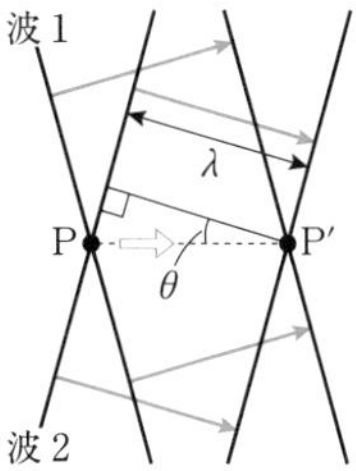

PP′ 間の距離は $\frac{\lambda}{\cos\theta}$ であるので、2倍の山が移動する速さを V とすると

$$V=\frac{\frac{\lambda}{\cos\theta}}{T}=\frac{\lambda}{T\cos\theta}$$

(3)　(2)のPの位置のように、2倍の山、2倍の谷が移動していく点上では、元の波の2倍の振幅の進行波ができて、腹線となる。ゆえに、腹線は x 軸に平行である。腹線と腹線の間で、山と谷が重なる点をつなげた線上では、常に変位が0となり節線となるので、図4のように節線は x 軸に平行で、隣り合う腹線の真ん中を通ることになる。

節線の間隔を Δy とすると、図4より、山（実線）と谷（点線）の波面の間隔が $\frac{\lambda}{2}$ であるので

$$\Delta y=\frac{\frac{\lambda}{2}}{\sin\theta}=\frac{\lambda}{2\sin\theta}$$

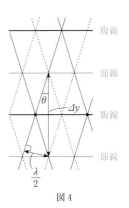

図3

図4

(4) 波1のQを通る波面とOを通る波面を描くと、図5のようになる（ただし、この2つの波面は同位相の波面とは限らない）。波面間の距離は、図5の点A、B間の距離と考えてよい。図5より

$$\text{AB}=x\cos\theta+y\sin\theta$$

点Qでは、原点Oより時間 $\dfrac{\text{AB}}{v}$ だけ遅れた振動をするので、点Qでの変位 z_1 は

$$z_1=A\sin\frac{2\pi}{T}\left(t-\frac{x\cos\theta+y\sin\theta}{v}\right)$$

$$=A\sin2\pi\left(\frac{t}{T}-\frac{x\cos\theta+y\sin\theta}{\lambda}\right)$$

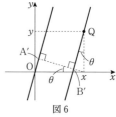

波1

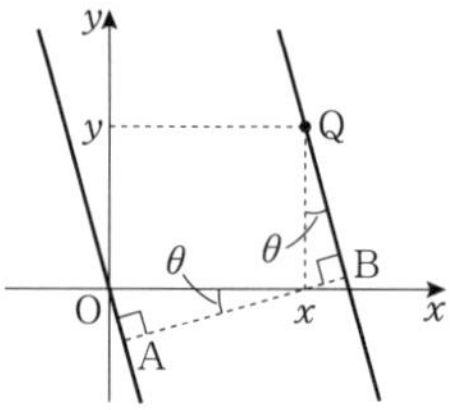

図5

(5) 同様に、波2のQとOの波面の距離は、図6のA′B′なので

$$\text{A}'\text{B}'=x\cos\theta-y\sin\theta$$

これより、点Qでの変位 z_2 は

$$z_2=A\sin\frac{2\pi}{T}\left(t-\frac{x\cos\theta-y\sin\theta}{v}\right)$$

$$=A\sin2\pi\left(\frac{t}{T}-\frac{x\cos\theta-y\sin\theta}{\lambda}\right)$$

波2

図6

合成波の変位 z は、三角関数の公式 $\sin A+\sin B=2\sin\dfrac{A+B}{2}\cdot\cos\dfrac{A-B}{2}$ を用いて

$$z=z_1+z_2=2A\sin2\pi\left(\frac{t}{T}-\frac{x\cos\theta}{\lambda}\right)\cdot\cos\frac{2\pi y\sin\theta}{\lambda}\quad\cdots①$$

(6) ①式で、$\cos\dfrac{2\pi y\sin\theta}{\lambda}=0$ **となる y の位置**では、合成波の変位が常に0となり、**節線となる**。$m=0$、±1、±2、… として

$$\frac{2\pi y\sin\theta}{\lambda}=\pm\frac{\pi}{2},\ \pm\frac{3\pi}{2},\ \pm\frac{5\pi}{2},\ \cdots=\frac{\pi}{2}(2m+1)$$

$$\therefore\quad y=\frac{\lambda}{4\sin\theta}(2m+1)$$

参考 (6)の答えより、節線の間隔 $\varDelta y$ を求めると

$$\varDelta y=\frac{\lambda}{4\sin\theta}\{2(m+1)+1\}-\frac{\lambda}{4\sin\theta}(2m+1)=\frac{\lambda}{2\sin\theta}$$

となり、(3)の答えを確認できる。

(7) x 軸上について考えるので、①式で $y=0$ とすればよい。合成波の変位 z は

$$z = 2A\sin 2\pi\left(\frac{t}{T} - \frac{x\cos\theta}{\lambda}\right) \quad \cdots ②$$

②式で示される波は 　　振幅 $2A$ で x 軸正の向きに進む波

である。これは，x 軸に沿って腹線ができることを示す。また，②式より，波の周期は T であり，波長を λ' とすると

$$\lambda' = \frac{\lambda}{\cos\theta}$$

である。ゆえに，x 軸に沿って進む速さを v_x とすると

$$v_x = \frac{\lambda'}{T} = \frac{\lambda}{T\cos\theta}$$

(参考) これより(2)の結果が確認できる。

問題59 難易度：😊😊😊😊⬜

大きな水槽中に図1のような水深 h の水路を作る。ただし，長さ d の区間 AB の水深は変えられる。水路の形は線 OS に関して左右対称である。水路の一端 S から振動数 f の水面波を送り込む。この波の速さは水深の平方根に比例し，その波長は水路の幅より十分長く，AB 間の長さ d，CD 間の長さ l よりは十分短いとする。このとき波は水路中を正弦波として伝わるものとする。

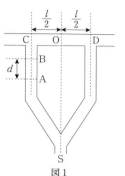

図1

(1) 全水路で水深を h としたとき，点 O 近くで波長 λ の定常波が見られた。点 O はこの定常波の腹か節か理由を付して答えよ。また，AB 間を進む波の速さ V を求めよ。

(2) 区間 AB の水深をゆっくり変えると定常波の腹や節の位置は徐々にずれる。水深が h' になったとき，O→D 方向に向かって測ったこのずれの距離は x となった。h' と h の比を求めよ。なお，深さが変わるところでの波の反射は無視してよい。

(3) 区間 AB の水深を再び h に戻し，直線部分 COD に水を C から D の向きに速さ v で流す。流れは一様で，この直線部分以外には及ばないとする。C→D に進む波と D→C に進む波の波長をそれぞれ求めよ。また，この2つの波の点 O での位相の差を求めよ。ただし $V > v$ とする。

(4) (3)で点 O が節となるような水流の速さ v の最小値を求めよ。

> 設問別難易度：(1) 😊😊⬜⬜⬜　(2)〜(4) 😊😊😊😊⬜

Point 1　波の干渉条件　≫ (1), (2), (4)

波が干渉し強め合う条件について，初めに学ぶのは波長を λ，m を整数として

$$2\text{つの波の波源からの経路差（距離の差）} = m\lambda$$

である。しかし，2つの波が同位相であればよいので，以下のようにも考えられる。

・波の周期を T とすると，波は時間 T ごとに同位相となるので

$$2\text{つの波の波源からの到達時間の差} = mT$$

・波源からの経路に含まれる波数（波の個数）の差が整数であれば同位相であるので

$$2\text{つの波のそれぞれの経路に含まれる波数（波の個数）の差} = m$$

波数は，距離を波長で割って求めればよい。

- 結局，2つの波の位相差が 2π の整数倍であればよいので

$$2 \text{つの波の位相差} = 2\pi m$$

これらのうち，考えやすいものを使って解けばよい。弱め合う条件も同様である。

Point 2 ┊ 位相差 ≫ (3)

2つの波の位相差 $\Delta\theta$ は，波1個分で 2π であるので，以下のように求めればよい。

$$\text{位相差 } \Delta\theta = 2\pi \times \frac{\text{経路差}}{\text{波長}} = 2\pi \times \frac{\text{時間差}}{\text{周期}} = 2\pi \times \text{波数差}$$

解答 **(1)** （答え）**腹** （理由）C，D からの距離が等しく，波が同位相で重なるので強め合って腹になる。

CD 間には左右に進む波で定常波ができる。元の波の波長は，定常波の波長と同じで λ である。波の振動数は f であるので，速さ V は波の基本公式より

$$V = f\lambda$$

（水路の水深がどこでも同じであるので，波の速さはどこでも同じである。）

(2) 水深 h' のときの波の速さを V' とする。速さは水深の平方根に比例するので

$$\sqrt{\frac{h'}{h}} = \frac{V'}{V} \qquad \therefore \quad V' = V\sqrt{\frac{h'}{h}}$$

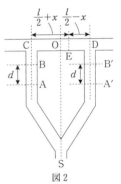

図 2

また，O にあった腹が移動した位置を E とする。**この腹は位相差が 0 であるので，S から左右の水路を通った波が同時に到着する**。ここで，AB に対称に右側の水路に A′B′ の区間を考える。波の通過時間に差がつくのは AB と A′B′，および CE と DE を通過するときなので，E に同時に到着するためには

$$\frac{d}{V'} + \frac{\frac{l}{2}+x}{V} = \frac{d}{V} + \frac{\frac{l}{2}-x}{V}$$

V' を代入して $\dfrac{h'}{h}$ を求めると

$$\frac{h'}{h} = \left(\frac{d}{d-2x}\right)^2$$

別解 水深 h' のときの波長を λ' とすると，振動数は変化しないので

$$\sqrt{\frac{h'}{h}}=\frac{V'}{V}=\frac{f\lambda'}{f\lambda} \qquad \therefore \quad \lambda'=\lambda\sqrt{\frac{h'}{h}}$$

S から E に至るまで，**左の水路と右の水路を通ってきた波の数の差は 0 で**ある。差がつくのは，波長が違う AB と A'B'，および距離が違う CE と DE である。ゆえに，各区間に入る波の数を考えて

$$\frac{d}{\lambda'}+\frac{\dfrac{l}{2}+x}{\lambda}=\frac{d}{\lambda}+\frac{\dfrac{l}{2}-x}{\lambda}$$

λ' を代入して $\dfrac{h'}{h}$ を求めると，同じ結果となる。

(3) 直線部分に水を流しても，直線部分における波の振動数は変化しない。C →D に進む波の速さは $V+v$ となるので，波長を λ_1 として

$$\lambda_1=\frac{V+v}{f}=\lambda+\frac{v}{f}$$

同様に D→C に進む波の速さは $V-v$ となるので，波長を λ_2 として

$$\lambda_2=\frac{V-v}{f}=\lambda-\frac{v}{f}$$

O での位相差は，CO と DO の区間の波の数の差に 2π をかければよい。
$\lambda_1>\lambda_2$ も考慮して

$$2\pi\left(\frac{\dfrac{l}{2}}{\lambda_2}-\frac{\dfrac{l}{2}}{\lambda_1}\right)=\pi l\left(\frac{1}{\lambda-\dfrac{v}{f}}-\frac{1}{\lambda+\dfrac{v}{f}}\right)=\frac{2\pi flv}{f^2\lambda^2-v^2} \quad \cdots①$$

(4) O が節になるには，位相差が π の奇数倍であればよい。また，v が小さいほど位相差は小さいので，v を最小にする位相差は π である。①式より

$$\frac{2\pi flv}{f^2\lambda^2-v^2}=\pi$$

$$v^2+2flv-(f\lambda)^2=0 \qquad \therefore \quad v=f(-l\pm\sqrt{l^2+\lambda^2})$$

$v>0$ であるので，v の最小値は $f(\sqrt{l^2+\lambda^2}-l)$

SECTION 2 音波

重要

問題60 難易度：⚙⚙⚙◻◻

　図1の上図のように原点 O にスピーカーを
置き，一定の振幅で，一定の振動数 f の音波を
x 軸正の向きに連続的に発生させる。空気の
圧力変化に反応する小さなマイクロホンを複数
用いて，x 軸上 $(x>0)$ の各点で圧力 p の時間
変化を測定する。ある時刻において，x 軸上
$(x>0)$ の点 P 付近の空気の圧力 p を x の関
数として調べたところ，図1の下図のグラフの

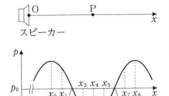

点P付近の拡大図
図1

ようになった。ここで距離 OP は音波の波長よりも十分長く，また音波が存在しな
いときの大気の圧力を p_0 とする。圧力 p が最大値をとる $x=x_0$ から，次に最大値
をとる $x=x_8$ までの x の区間を8等分し，$x_1, x_2, \cdots, x_7$ と順に x 座標を定める。

(1) x_1 から x_8 までの各位置の中で，x 軸正の向きに空気が最も大きく変位し
　　ている位置，および x 軸正の向きに空気が最も速く動いている位置はそれ
　　ぞれどれか。

　次に点 P で空気の圧力 p の時間変化を調
べたところ，図2のグラフのようになった。
圧力 p が最大値をとる時刻 $t=t_0$ から，次に
最大値をとる時刻 $t=t_8$ までの1周期を8等
分し，$t_1, t_2, \cdots, t_7$ と順に時刻を定める。

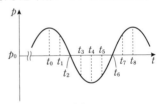

図2

(2) t_1 から t_8 までの各時刻の中で，x 軸正の向きに空気が最も大きく変位し
　　ているのはどの時刻か。

　図3のように，原点 O から見て点 P より
遠い側の位置に，x 軸に対して垂直に反射板
を置くと，圧力が時間とともに変わらず常に
p_0 となる点が x 軸上に等間隔に並んだ。

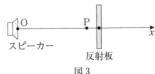

図3

(3) これらの隣接する点の間隔 d はいくらか。なお，音波の速さを c とする。

(4) (3)の状態から気温が上昇したところ，(3)で求めた d は増加した。その理
　　由を説明せよ。

設問別難易度：(1),(2) ⚙⚙⚙◻◻　(3),(4) ⚙⚙◻◻◻

音波は縦波（疎密波）であるので，空気の変位の方向は音波の進行方向である。変位が大きいところで圧力が大きいのではなく，"密"な位置で圧力が高く，"疎"な位置で圧力が低い。空気の振動の変位を考えるときは，圧力のグラフを変位のグラフに置き換えればよい。

また，音波で定常波ができる場合，時間とともに圧力が大きく変動するのは変位で"節"の位置である。変位で"腹"の位置は，変位は大きいが圧力はほとんど変化しない。

解答 (1) 音波は縦波であり，**空気の圧力が最も高い位置が"密"，最も低い位置が"疎"な**位置である。つまり x_0, x_8 の位置が"密"で，x_4 の位置が"疎"である。これより，図1の音波の圧力を空気の変位に置き換えると，図4のようになる。ただし，空気の x 方向の変位を y 方向の変位に置き換えて，縦波を横波表示にしている。ゆえに，図4より

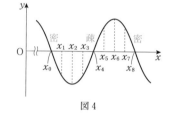

図4

x 軸正の向きに空気が最も大きく変位している位置：x_6

空気の速さが最大なのは変位が0の位置で，図4で時間とともに y 軸正の向きに移動する位置なので

x 軸正の向きに空気が最も速く動いている位置：x_8

(2) (1)と同様に，図2のグラフを縦軸に変位 y をとったグラフにすると，図5のようになる。x 軸正の向きに空気が最も大きく変位している時刻は　　t_2

別解 図4で，x 軸正の向きに最も大きく変位している点は x_6 である。図1より，このとき圧力は p_0 で，時間が経過して音

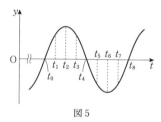

図5

波が x 軸正の向きに進むと，x_6 の圧力は p_0 より小さくなることがわかる。図2で，このような変化（その時刻で圧力 p_0 で，時間経過とともにまず p_0 より小さくなる）が起こる時刻は　　t_2

(3) 反射板に向かう音波と，反射されて x 軸負の向きに進む音波の干渉により，定常波ができる。**圧力が常に p_0 となるのは，"密"にも"疎"にもならない点であり，変位で考えると定常波の腹**となる点である。したがって，d

は変位で考えた定常波の腹の間隔であり，これは元の波の波長の $\dfrac{1}{2}$ である。

この音波の波長を λ とすると，波の基本公式より

$$\lambda = \dfrac{c}{f}$$

ゆえに，d は

$$d = \dfrac{\lambda}{2} = \dfrac{c}{2f}$$

(4) 気温が上昇すると，音波の伝わる速さ c が大きくなる。振動数 f は変化しないので，波長 λ は大きくなり，そのため腹の間隔が広がる。

音波の伝わる速さが速くなり，波長が長くなるため。

図1のように，弦の一端を振動装置につけ，他端におもりを1個つけて，支柱と滑車にかける。振動装置と支柱の間の距離は初め L である。振動装置は任意の振動数で弦に振動を伝えることができ，振動装置と支柱間の弦が振動する。ただし，振動装置と弦の接続点は固定端とみなしてよい。また，弦を伝わる波の速さ v は，弦の張力の大きさの平方根に比例する。

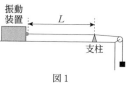

図1

振動装置の振動数を f とすると，弦は共振し，腹を3個もつ定常波ができた。

(1) 弦を伝わる波の波長と速さを求めよ。

(2) 振動装置の振動数をゆっくり増加させると，次に弦が共振するときの振動数はいくらか。

(3) 振動装置の振動数を f に戻してから，支柱をゆっくり振動装置の方へ近づける。次に弦が共振するとき，支柱を動かした距離はいくらか。

(4) 支柱を初めの位置に戻し，振動装置を止めた状態で弦の中央を弾くと，弦は基本振動で振動する。このときの振動数を f を用いて表せ。

ここで，弦に同じ質量のおもりをもう1個つり下げた。

(5) 振動装置の振動数を f から減少させていく。弦が初めて共振したときの振動数を求めよ。

振動装置の振動数を f に戻し，さらに同じ質量のおもりを1個（合計3個）弦につり下げた。

(6) 支柱をゆっくりと振動装置に近づける。初めて弦が共振するとき，支柱を動かした距離はいくらか。

設問別難易度：(1)〜(4) 😐⬜⬜⬜⬜　(5),(6) 😐😐😐⬜⬜

Point 1 弦の振動　≫ (1)〜(6)

両端を固定した弦では，共振したとき両端を節とする定常波ができている。**腹1個につき，弦を伝わる波の波長の $\dfrac{1}{2}$ の長さがあるとすると考えやすい。** また，弦を伝わる波の速さ v は，弦の線密度を ρ，弦の張力の大きさを S として

$$v=\sqrt{\frac{S}{\rho}}$$

である。この式は問題に与えられていることが多いが，覚えておいた方がよい。

Point 2 振動数，波長，速さ 何が変化するのかを見極める

≫ (2)〜(6)

弦の振動の問題や気柱の共鳴の問題では，状況が変化するとき，振動数 f，波長 λ，波の速さ v のうち，何が変化するのかを見極めることが大切である。さらに，波の基本式 $v=f\lambda$ から，v，f，λ がどう変化するのかを考える。何も変化せずに弦の長さ（または気柱の長さ）だけが変化している場合もある。

解答 (1) 図2のような定常波ができている。腹1個につき，節から節までの距離が $\dfrac{1}{2}$ 波長なので，このときの弦を伝わる波の波長を λ_0 とすると

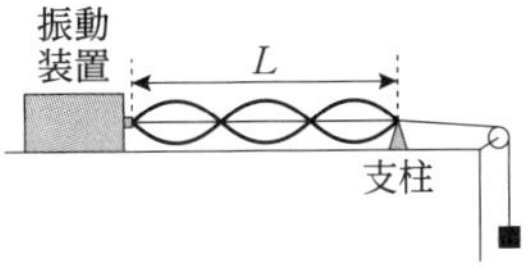

$$L=3\times\frac{\lambda_0}{2} \quad \therefore \quad \lambda_0=\frac{2L}{3}$$

振動数は f なので，弦を伝わる波の速さを v とすると，波の基本公式より

$$v=f\lambda_0=\frac{2fL}{3} \quad \cdots①$$

(2) **振動数が増加すると波長は短くなる**ので，次に弦が共振するのは，腹が4個の定常波ができるときである。このときの波長を λ_1 とすると

$$L=4\times\frac{\lambda_1}{2} \quad \therefore \quad \lambda_1=\frac{L}{2}$$

波の速さは変化しないので，このときの振動数を f_1 として，①式の v も代入すると

$$f_1=\frac{v}{\lambda_1}=\frac{\dfrac{2fL}{3}}{\dfrac{L}{2}}=\frac{4}{3}f$$

$$\left(\text{3 倍振動が4 倍振動になるので，振動数も } \frac{4}{3} \text{ 倍になる。}\right)$$

(3) 支柱を動かしても v，f ともに変化しないので，**波長 λ は変化しない**。ゆえに，次に共振するのは，図3のように腹が2個の定常波ができるときであるので，動かした距離は

$$\frac{\lambda_0}{2}=\frac{L}{3}$$

(4) 基本振動では腹が1個の定常波ができるので，波長を λ_2 とすると

$$\frac{\lambda_2}{2}=L \quad \therefore \quad \lambda_2=2L$$

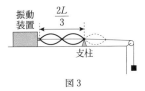

図2

図3

波の速さは v のままであるので，振動数を f_2 として，①式の v も代入すると

$$f_2 = \frac{v}{\lambda_2} = \frac{\dfrac{2fL}{3}}{2L} = \frac{f}{3}$$

(5) **おもりを 1 個増やすと，弦の張力が 2 倍になり，弦を伝わる波の速さは $\sqrt{2}\,v$ となる。** 振動数 f のときの波長を λ_3 として，①式の v も代入すると

$$\lambda_3 = \frac{\sqrt{2}\,v}{f} = \frac{\sqrt{2} \times \dfrac{2fL}{3}}{f} = \frac{2\sqrt{2}}{3}L$$

これを弦の長さ L と比較すると

$$\lambda_3 < L < \frac{3\lambda_3}{2}$$

なので，振動数を減少させて波長を長くしていくと，波長 $\lambda_4 = L$ となったとき，腹が 2 個の定常波ができて共振する。ゆえに，このときの振動数を f_4 として，①式の v も代入すると

$$f_4 = \frac{\sqrt{2}\,v}{\lambda_4} = \frac{\sqrt{2} \times \dfrac{2fL}{3}}{L} = \frac{2\sqrt{2}}{3}f$$

(6) さらにおもりを 1 個増やすと，弦を伝わる波の速さは $\sqrt{3}\,v$ となる。振動数 f のときの波長を λ_5 として，①式の v も代入すると

$$\lambda_5 = \frac{\sqrt{3}\,v}{f} = \frac{\sqrt{3} \times \dfrac{2fL}{3}}{f} = \frac{2\sqrt{3}}{3}L$$

これを弦の長さ L と比較すると

$$\frac{\lambda_5}{2} < L < \lambda_5$$

なので，支柱を動かして弦の長さが $\dfrac{\lambda_5}{2}$ となったときに，腹が 1 個の定常波ができて共振する。ゆえに，動かした距離は

$$L - \frac{\lambda_5}{2} = L - \frac{\sqrt{3}}{3}L = \left(1 - \frac{\sqrt{3}}{3}\right)L$$

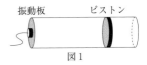

問題62 難易度：🙂😐🙁⬜⬜

　図1に示すように，一端に振動板（スピーカー）を取りつけた円筒形の透明な管に，なめらかに管内を動くピストンを入れて空気を密閉し，水平に置いた。振動板を振動させると，特定の振動

図1 振動板　ピストン

数のとき管が共鳴する。このとき，振動板の位置が音波の定常波の腹の位置に一致するものとする。またピストンは管内の気圧が大気圧と等しくなるように水平方向に動くが，音波によって振動することはないとする。

　ピストンを振動板からの距離が L_1 の位置にして，振動板の振動数を十分に小さい値から徐々に大きくしていくと，3回目に共鳴したときの振動数が f であった。この間，ピストンは動かなかった。またこのときの絶対温度は T_1 であった。

(1) 3回目に共鳴したときの音波の波長を求めよ。また，管内での音速を求めよ。

(2) 1回目に共鳴したときの振動数を f を用いて表せ。

(3) 3回目の共鳴をしているとき，管内の空気の圧力変化が大きい位置の，振動板からの距離を全て答えよ。

　次に，振動板の振動数を f に保ちながら，管内の空気の絶対温度を T_1 からゆっくり上げていくと，ピストンが動き，振動板からピストンの距離が L_2 となったときに，初めて再び共鳴が起こり，管内で圧力変化が大きい場所は4カ所あった。また，このときの管内の空気の絶対温度は T_2 であった。

(4) このときの音波の波長を L_2 を用いて答えよ。

(5) T_2 を L_1, L_2, T_1 を用いて答えよ。ただし，音波による圧力の変動の影響は考えなくてよい。

　ここで，絶対温度 T での空気中の音速 V が，V_0, b を正の定数として

$$V = V_0 + bT$$

と表されるとする。

(6) V_0, b を，f, L_1, L_2, T_1 を用いて答えよ。

設問別難易度：(1)〜(3) 🙂😐⬜⬜⬜　(4)〜(6) 🙂😐🙁⬜⬜

Point 1　気柱の共鳴 ≫ (1), (2), (4)

　円柱内の気体＝気柱が共鳴するとき，音波の変位で考えて開口端を腹，閉口端を節とする定常波ができている。したがって，閉管では一端が腹で一端が節，開管では両端が腹の定常波となる。腹から隣の節までが元の波の波長の $\dfrac{1}{4}$ であることを利用し

て，気柱の長さと波長の関係を考えるとよい（ただし，開口端の位置には完全な腹はできず，少し外側にずれた位置に腹があるように振る舞う。このずれの距離を開口端補正という）。

Point 2 | 定常波と圧力変化 ≫ (3), (4)

　音波は縦波＝疎密波であるので，変位で定常波を考えた場合の節の位置で気体が"密"や"疎"の状態になる。つまり，気体の圧力が大きく変化するのは，"節"の位置である。

解答　(1)　管が共鳴しているとき，管内の空気＝気柱は，音波の変位で考えてピストンの位置を節，振動板の位置を腹とする定常波となっている。振動数を大きくしていくと，波長は徐々に短くなるので，**3回目に共鳴し**たときには，気柱は図2(b)のように**5倍振動**をしている。このときの波長を λ_1 とす

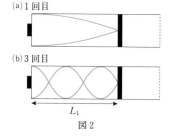

(a) 1回目

(b) 3回目

L_1

図2

ると，腹 - 節の $\dfrac{1}{4}$ 波長が5個あるので

$$\frac{\lambda_1}{4} \times 5 = L_1 \quad \therefore \quad \lambda_1 = \frac{4}{5} L_1$$

このときの音速を V_1 とすると

$$V_1 = f\lambda_1 = \frac{4}{5} fL_1 \quad \cdots ①$$

(2)　1回目の共鳴のとき，図2(a)のような定常波ができている。このときの波長を λ_0 とすると

$$\lambda_0 = 4L_1$$

このときの振動数を f_0 とすると，①式の V_1 も代入して

$$f_0 = \frac{V_1}{\lambda_0} = \frac{f}{5}$$

参考　図2(b)の5倍振動に対し，図2(a)は基本振動なので，振動数は $\dfrac{1}{5}$ である。

(3)　圧力変化が大きい場所は，**音波の変位で考えた節の位置**なので，図2(b)より3点ある。振動板からの距離は

$$\frac{\lambda_1}{4}, \ \frac{3\lambda_1}{4}, \ \frac{5\lambda_1}{4} = \frac{L_1}{5}, \ \frac{3L_1}{5}, \ L_1$$

(4) 節が4カ所あるので，このときの定常波は図3のようになる。これは7倍振動である。波長をλ_2として

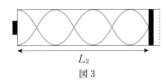

図3

$$\frac{\lambda_2}{4}\times 7 = L_2$$

$$\therefore \quad \lambda_2 = \frac{4}{7}L_2 \quad \cdots ②$$

(5) 管内の圧力は大気圧と等しく一定としてよいので，管の断面積をSとしてシャルルの法則より

$$\frac{SL_1}{T_1} = \frac{SL_2}{T_2} \quad \therefore \quad T_2 = \frac{L_2}{L_1}T_1 \quad \cdots ③$$

(6) 問題文中の式と，①式より

$$V_1 = V_0 + bT_1 = \frac{4}{5}fL_1 \quad \cdots ④$$

また，温度T_2のときの音速をV_2とする。振動数はfなので，②式のλ_2も用いて

$$V_2 = f\lambda_2 = \frac{4}{7}fL_2$$

この式と，問題文中の式，さらに③式を代入して

$$V_2 = V_0 + bT_2 = V_0 + \frac{L_2}{L_1}bT_1 = \frac{4}{7}fL_2 \quad \cdots ⑤$$

④，⑤式よりV_0，bを求める。

$$V_0 = \frac{8fL_1L_2}{35(L_2-L_1)} \quad , \quad b = \frac{4fL_1(5L_2-7L_1)}{35T_1(L_2-L_1)}$$

問題63 **難易度**：⬡⬡⬡⬜⬜

振動数 f の音波を出す音源Sが静止している。以下の問いに答えよ。ただし、音の速さを V とし、風はないものとする。また、音源Sの位置を原点として、観測者の向きに x 軸をとる。次の ア ～ ス に入る適切な式を記せ。

(1) 図1のように、観測者Oは、直線上をSに向かって一定の速さ u で進むとする。ただし、$u<V$ とする。Sを出た音波が、

音源S（原点）　　　　　観測者O
静止　　　　　　　←u　　　x
図1

ある時刻にOに到達したとする。このときのOの位置を $x=x_0$ とする。この位置でOを通過した波面は、通過して1秒後に、位置 $x=$ ア に達する。そのとき、Oの位置は、$x=$ イ である。したがって、位置 $x=x_0$ でOを通過した波面は、Oから見て、1秒間に距離 ウ 進んでいる。音波の波長は エ であるから、Oが観測する音波の振動数 f_1 は、 オ である。

(2) 次に、図2のように、同一直線上に左から、音源S、観測者O、反射板Rの順にそれぞれが位置しており、SとOはともに静止しているとする。RはOに向かっ

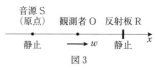

音源S
（原点）　　観測者O　　反射板R
静止　　　　静止　　　←u　　x
図2

て(1)の観測者Oと同じ一定の速さ u で進むとする。Sを出た音波がある時刻にRで反射したとき、その振動数は(1)で求めた f_1 と同じであった。このときのRの位置を $x=x_R$ とする。この位置で反射した波面は、反射して1秒後に、位置 $x=$ カ に達する。そのとき、Rの位置は、$x=$ キ である。よって、距離 ク の中に f_1 個の反射波が存在するので、この反射波の波長は f_1 を用いて ケ である。よって、Oで観測される反射波の振動数 f_2 は、f_1 を用いて コ である。したがって、Oで観測できる、Rからの反射波の振動数 f_2 は、f を用いて、 サ である。以上より、Oでは、Sから発する音波とRからの反射波によるうなりを観測できる。そのうなりの振動数 f' を V, u, f で表すと、$f'=$ シ である。

(3) 図3のように、反射板Rを静止させて十分時間がたった後、観測者OがRの方向に一定の速さ w で進んだところ、周期 $T=$ ス で音のうなりを観測した。ただし、$w<V$ とする。

音源S
（原点）　　観測者O　　反射板R
静止　　　→w　　静止　　x
図3

⑂ 設問別難易度：**ア, イ, エ** ☺⬜⬜⬜⬜　　**ウ, オ～キ** ☺⬡⬜⬜⬜　　**ク～ス** ☹⬡⬡⬜⬜

Point 1 ドップラー効果の公式　≫ オ，ケ，コ，ス

振動数 f_0 の音源 S が速さ v_S で動く場合，音速を V として音源の前方での波長 λ は

$$\lambda = \frac{V - v_S}{f_0}$$

音源の前方を，音源から遠ざかる向きに速さ v_0 で進む観測者 O が聞く振動数 f は

$$f = \frac{V - v_0}{V - v_S} f_0$$

である。難関大の入試問題では，これらの公式の導出を要求する問題も多いので，丸暗記ではなく導出できるようになっておくこと。導出する場合，答えは公式どおりになるはずであることに注意しよう。

Point 2 反射によるドップラー効果　≫ カ〜コ，ス

壁などで反射した音のドップラー効果については，まず**壁を観測者として**，壁が観測する振動数を求め，次に**壁がその振動数の音源になる**と考えればよい。この考えにしたがって公式を適用すればよいが，これも導出させる問題が多いので注意すること。

解答　ア．観測者 O の位置にあった音波の先頭の，1 秒後の位置を x_1 とする。音速は V なので

$$x_1 = x_0 + V$$

イ．O は 1 秒間で u だけ進むので，O の 1 秒後の位置を X_1 とすると

$$X_1 = x_0 - u$$

ウ．1 秒後の O と音波の先頭の相対的な距離を Δx とすると

$$\Delta x = |x_1 - X_1| = V + u$$

エ．音源は静止しているので，音波の波長を λ_0 とすると

$$\lambda_0 = \frac{V}{f}$$

オ．**O が 1 秒間に観測する音波の数が，O にとっての振動数** f_1 である。O は 1 秒間に長さ Δx の音波を観測し，波長は λ_0 であるので，観測した音波の数を考えて

$$f_1 = \frac{\Delta x}{\lambda_0} = \frac{V + u}{\dfrac{V}{f}} = \frac{V + u}{V} f \quad \cdots ①$$

（**観測者が動く場合のドップラー効果の公式である。**）

カ．音波は反射されても速さは V なので，音波の先頭の 1 秒後の位置を x_2 とすると

$$x_2 = x_R - V$$

キ．反射板 R は 1 秒間で u だけ進むので，R の 1 秒後の位置を X_2 とすると

$$X_2 = x_R - u$$

ク．この音波の先頭の位置が x_2，最後尾（反射されたばかりの音）の位置が X_2 なので，音波の長さを $\Delta x'$ とすると，$V > u$ であることも考慮して

$$\Delta x' = |X_2 - x_2| = V - u$$

ケ．R の観測する音の振動数は f_1 なので，R は音源として 1 秒間で f_1 個の音波を出すと考えてよい。この音波が長さ $\Delta x'$ にあるので，波長を λ_2 として

$$\lambda_2 = \frac{\Delta x'}{f_1} = \frac{V - u}{f_1} \quad \cdots ②$$

コ．O は速さ V，波長 λ_2 の波を観測するので，観測する振動数 f_2 は，②式も用いて

$$f_2 = \frac{V}{\lambda_2} = \frac{V}{V - u} f_1 \quad \cdots ③$$

サ．③式に①式の f_1 を代入して

$$f_2 = \frac{V}{V - u} \times \frac{V + u}{V} f = \frac{V + u}{V - u} f$$

シ．音源 S から直接 O に届く音波の振動数が f である。$f_2 > f$ も考慮して，うなりの振動数 f'（＝1 秒あたりのうなりの回数）は

$$f' = f_2 - f = \frac{V + u}{V - u} f - f = \frac{2u}{V - u} f$$

ス．S から直接 O に届く音波の振動数を f_3 とすると，ドップラー効果の公式より

$$f_3 = \frac{V - w}{V} f$$

S と R は静止しているので，R から反射される音波の振動数は f である。O に伝わる反射音の振動数を f_4 とすると，ドップラー効果の公式より

$$f_4 = \frac{V + w}{V} f$$

これより，振動数を f'' とすると，$f_4 > f_3$ も考慮して

$$f'' = f_4 - f_3 = \frac{V + w}{V} f - \frac{V - w}{V} f = \frac{2wf}{V}$$

ゆえに，うなりの周期 T は

$$T = \frac{1}{f''} = \frac{V}{2wf}$$

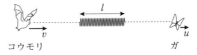

問題64 難易度：☺☺☺☺☐

コウモリは，自分の発する超音波の
反響を手がかりにして，障害物や獲物
を探知する。コウモリと獲物となるガ
が同一直線上を等速直線運動している
場合を考えよう。いま，図1のようにコウモリが正の速度 v[m/s] で飛びなが
ら，前方を速度 u[m/s] で逃げるガに向かって一定の振動数 f_0[Hz] の超音波
を短い時間 Δt_0[s] の間だけ発射した。空気は静止しているものとし，空気中
の音の速さを V[m/s] とする。また，コウモリとガの大きさは考えないもの
とする。特に指定のない限り，各問の解答はここに与えられた量（v, u, V,
f_0, Δt_0）を用いて表せ。

(1) 空気中を伝わってガに向かう超音波の先端から後端までの長さ l[m] を求
めよ。

(2) コウモリの超音波がガに当たっている時間 Δt_1[s]，およびガが観測する
超音波の振動数 f_1[Hz] を求めよ。

(3) コウモリは，ガに当たって返ってくる反射波を観測する。

 (a) コウモリに反射波が当たっている時間 Δt_2[s] と Δt_0 との比 $r = \dfrac{\Delta t_2}{\Delta t_0}$ を
  求めよ。

 (b) コウモリが観測する反射波の振動数 f_2[Hz] と f_0 との比 $s = \dfrac{f_2}{f_0}$ を r を
  用いて表せ。

(4) (a) 超音波の先端がコウモリから発せられてからガに達するまでに要する
  時間を T_1[s]，超音波の先端がガに達したときのコウモリとガの間の距離
  を L_1[m] とする。T_1 を，L_1, v, u, V のうち適切なものを用いて表せ。

 (b) 超音波の先端がコウモリから発せられてからガで反射してコウモリに達
  するまでの経過時間を T[s] として，超音波の先端がコウモリに達したと
  きのコウモリからガまでの距離 L[m] を求めよ。

設問別難易度：(1)☺☺☐☐☐ (2),(3)(b),(4)(a)☺☺☺☐☐
(3)(a),(4)(b)☺☺☺☺☐

Point | **ドップラー効果：もう1つの考え方** ≫ (2), (3)(b)

音波に含まれる波の数（波数）を用いて，ドップラー効果の振動数を求めることが
できる。音源が振動数 f_0 の音を時間 Δt_0 だけ出したとする。1波長分（1周期分）
の波を1個と考えて，音源が出した音波の波の数は $f_0 \Delta t_0$ 個である。この音波を観測

者が振動数 f で時間 Δt だけ聞いた場合，波の数は変化しないので

$$f_0 \Delta t_0 = f \Delta t \qquad \therefore \quad f = \frac{f_0 \Delta t_0}{\Delta t}$$

解答 (1) 音速は V なので，図 2 のように，ある時刻でコウモリが出した超音波は時間 Δt_0 後に $V\Delta t_0$ だけ進むが，コウモリも $v\Delta t_0$ だけ動いているので，超音波の長さ l は

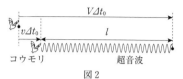

図 2

$$l = V\Delta t_0 - v\Delta t_0 = (V-v)\Delta t_0 \,[\mathrm{m}] \quad \cdots ①$$

(2) 図 3 のように，超音波がガに時間 Δt_1 だけ当たっているとき，超音波は $V\Delta t_1$ だけ進み，ガも同じ向きに $u\Delta t_1$ だけ進む。長さ l の超音波に追い抜かれると考えて，①式も用いて

$$V\Delta t_1 - u\Delta t_1 = l \qquad \therefore \quad \Delta t_1 = \frac{l}{V-u} = \frac{V-v}{V-u}\Delta t_0 \,[\mathrm{s}] \quad \cdots ②$$

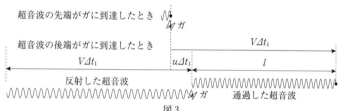

図 3

コウモリが発した超音波の波の数（波数）は $f_0 \Delta t_0$，ガが観測する波の数は $f_1 \Delta t_1$ であり，波の数は変化しないので，②式も用いて

$$f_0 \Delta t_0 = f_1 \Delta t_1 \qquad \therefore \quad f_1 = \frac{\Delta t_0}{\Delta t_1} f_0 = \frac{V-u}{V-v} f_0 \,[\mathrm{Hz}]$$

別解 ドップラー効果の公式より，ガが観測する振動数 f_1 は

$$f_1 = \frac{V-u}{V-v} f_0 \,[\mathrm{Hz}]$$

(3) (a) ガは時間 Δt_1 の間，超音波を反射する。図 3 のように超音波の速さは V で，ガは反射された超音波と逆向きに $u\Delta t_1$ だけ進むので，ガで反射した超音波の長さを l' とすると

$$l' = V\Delta t_1 + u\Delta t_1 = (V+u)\Delta t_1 \quad \cdots ③$$

コウモリは時間 Δt_2 の間に，速さ v でこの超音波とすれ違うので

$$V\Delta t_2 + v\Delta t_2 = l' \qquad \therefore \quad \Delta t_2 = \frac{l'}{V+v}$$

③式の l'，さらに②式の Δt_1 を代入して

$$\Delta t_2 = \frac{V+u}{V+v} \Delta t_1 = \frac{(V+u)(V-v)}{(V+v)(V-u)} \Delta t_0$$

よって

$$r = \frac{\Delta t_2}{\Delta t_0} = \frac{(V+u)(V-v)}{(V+v)(V-u)}$$

(b) **反射した超音波の波の数も変化しないので**

$$f_2 \Delta t_2 = f_0 \Delta t_0$$

よって

$$s = \frac{f_2}{f_0} = \frac{\Delta t_0}{\Delta t_2} = \frac{1}{r}$$

別解　反射音については，ガを振動数 f_1 の超音波を発する音源，コウモリを観測者と考えればよい。ドップラー効果の公式より

$$f_2 = \frac{V+v}{V+u} f_1 = \frac{(V+v)(V-u)}{(V+u)(V-v)} f_0$$

$$\therefore \quad \frac{f_2}{f_0} = \frac{(V+v)(V-u)}{(V+u)(V-v)} = \frac{1}{r}$$

(4) (a) 時刻 $t=0$ でコウモリが超音波を出し始めたとする。図 4 のように，超音波の先端がガに達するまでに超音波は VT_1 進み，またコウモリも vT_1 進む。ガからコウモリまでの距離 L_1 は

$$L_1 = VT_1 - vT_1 \quad \therefore \quad T_1 = \frac{L_1}{V-v} \,\text{(s)} \quad \cdots ④$$

(b) 超音波の先端がガで反射してからコウモリに達するまでの時間は $T-T_1$ であるので

$$V(T-T_1) + v(T-T_1) = L_1 \quad \cdots ⑤$$

また，L は

$$L = V(T-T_1) + u(T-T_1) \quad \cdots ⑥$$

となる。④，⑤式より L_1 を消去して T_1 を求めると

$$T_1 = \frac{V+v}{2V} T$$

これを⑥式に代入して

$$L = \frac{(V+u)(V-v)}{2V} T \,\text{(m)}$$

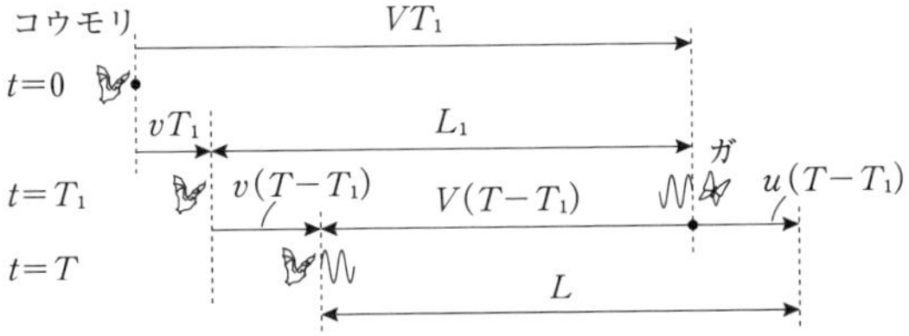

図 4

問題65 難易度：☺☺☺□□

以下の空欄のア～クに入る適切な式を答えよ。なお，【　　】は，すでに与えられた空欄と同じものを表す。

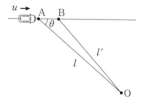

右図のように，水平面内の直線道路を速さ u で進む自動車がある。自動車は図の点 A を通過する瞬間から振動数 f_0 の警笛を鳴らし始め，時間 Δt 後，点 B を通過するとき鳴らし終えた。音速を V とする。この警笛の音を，道路と同じ水平面内で道路から離れた点 O で観測することを考えよう。

自動車が点 A を通過する時刻を $t=0$ とする。AO 間の距離を l として，点 O で音が聞こえ始める時刻 $t_1=[$　ア　$]$ である。自動車が点 B を通過する時刻は $t=\Delta t$ であるので，BO 間の距離を l' として点 O で音が聞こえ終わる時刻 $t_2=[$　イ　$]$ である。したがって，点 O で音が聞こえる時間 ΔT は，Δt，l，l'，V を用いて表すと，$\Delta T=[$　ウ　$]$ となる。

AB 間の距離は $[$　エ　$]$ であるので，$\angle\mathrm{BAO}=\theta$ とすると，l，l'，u，Δt，θ の間に $[$　オ　$]$ の関係がある。ここで，$u\Delta t$ は l に比べて十分に小さく，$u\Delta t$ の 2 乗の項は無視でき，また，$l+l'\fallingdotseq 2l$ と近似できるとすると，$l-l'=[$　カ　$]$ となる。

観測者が点 O で聞く振動数 f は，f_0，Δt，ΔT を用いて表すと $f=[$　キ　$]$ である。これと【　ウ　】，【　カ　】より，f を V，u，f_0，θ を用いて表すと，$f=[$　ク　$]$ となる。

⋮設問別難易度：**ア，エ** ☺□□□□　**イ，ウ，オ，キ** ☺☺□□□　**カ，ク** ☺☺☺□□

Point | **斜めドップラー効果** ≫ ク

音源 S と観測者 O が一直線上にない場合，音源 S と観測者 O を結ぶ向きの速度成分を用いてドップラー効果を考える。例えば，本問のように，速さ u で運動する振動数 f_0 の音源 S があるとする。静止した観測者 O があり，音源 S の速度の向きと，S と O を結ぶ線分のなす角が θ のとき，S の O 向きの速度成分は $u\cos\theta$ であるので，音速を V として O が観測する振動数 f は

$$f=\frac{V}{V-u\cos\theta}f_0$$

解答 ア．音波の速さはどの方向にも V である。O までの距離は l なので

$$t_1 = \frac{l}{V}$$

イ．時刻 $t = \Delta t$ に出た音が，O まで距離 l' だけ進むので $\qquad t_2 = \Delta t + \dfrac{l'}{V}$

ウ．O では，時刻 t_1 から t_2 まで音が聞こえるので

$$\Delta T = t_2 - t_1 = \Delta t - \frac{l - l'}{V} \quad \cdots ①$$

エ．自動車の速さは u であるので $\qquad AB = u\Delta t$

オ．余弦定理より $\qquad l'^2 = l^2 + (u\Delta t)^2 - 2lu\cos\theta \cdot \Delta t \quad \cdots ②$

カ．②式を変形して $u\Delta t$ の 2 乗の項を無視すると

$$l^2 - l'^2 = (l + l')(l - l') \fallingdotseq 2lu\cos\theta \cdot \Delta t$$

ここで，$l + l' \fallingdotseq 2l$ として整理して

$$l - l' \fallingdotseq u\cos\theta \cdot \Delta t \quad \cdots ③$$

キ．音源が Δt の間に出した音波の数は $f_0\Delta t$ で，観測者はそれを ΔT の間に
聞く。波の数は変わらないので

$$f_0\Delta t = f\Delta T$$

$$\therefore \quad f = \frac{f_0\Delta t}{\Delta T} \quad \cdots ④$$

ク．①，③式より

$$\Delta T = \Delta t - \frac{u\cos\theta \cdot \Delta t}{V}$$

これを④式に代入して

$$f = \frac{f_0\Delta t}{\Delta t - \dfrac{u\cos\theta \cdot \Delta t}{V}} = \frac{V}{V - u\cos\theta} f_0$$

（当然，斜めドップラー効果の公式になる。）

振動数 f_0 の音を発する音源が，点 O で静止している観測者に向かって一定の速さ v で一直線上を進んでいる。無風状態での音速を V とする。以下の空欄のア～コに入る適切な式を答えよ。

〔A〕 図 1 のように，速さ w の風が音源の速度と同じ向きに吹いている状態を考える。音源は，時刻 $t=0$ に点 A を通過した。このとき音源が発した音波の波面は，時刻 $t=t_1$ に点 O に達した。音源は時刻 $t=\Delta t$（$\Delta t>0$）に点 B を通過した。このとき音源が発した音波の波面は，時刻 $t=t_1+\Delta t_1$ に点 O に達した。観測者が聞く音の振動数を f_1 とすると，f_0, Δt, Δt_1 を用いて，$f_1=$ ［ ア ］ と表される。AO 間の距離 L は，$L=(V+w)t_1$，BO 間の距離 L' は，V, w, Δt, t_1, Δt_1 を用いて $L'=$ ［ イ ］ となる。これより，v, V, w を用いて，$\dfrac{\Delta t}{\Delta t_1}=$ ［ ウ ］ となるので，観測者が聞く音の振動数 f_1 は，v, V, w, f_0 を用いて，$f_1=$ ［ エ ］ となる。

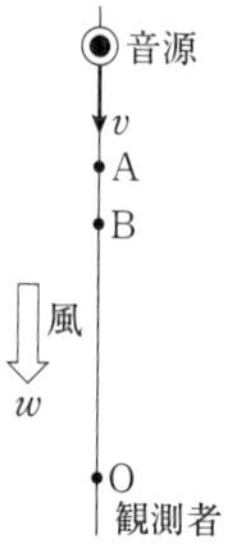

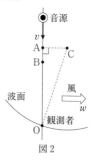

図 1

〔B〕 図 2 のように，一定の速さ w の風が常に音源の速度と直交する方向に吹いている状態を考える。音源が点 A で時刻 $t=0$ に発した音波の波面は，時刻 $t=t_2$ に点 O に達した。そのときの波面を表す円の一部が図 2 に示されている。この波面を表す円の中心を点 C とする。AC 間の距離 d は，t_2 を含んだ式で，$d=$ ［ オ ］ と表される。また，CO 間の距離 s は，t_2 を含んだ式で，$s=$ ［ カ ］ と表される。これより AO 間の距離 L は，t_2, w, V を用いて，$L=$ ［ キ ］ となる。音源は，時刻 $t=\Delta t$ に点 B を通過し，点 B で音源が発した音波の波面は，時刻 $t=t_2+\Delta t_2$ に点 O に達した。BO 間の距離 L' も同様に考えて $L'=$ ［ ク ］ となる。これより $\dfrac{\Delta t}{\Delta t_2}$ を，v, V, w を用いて表すと，$\dfrac{\Delta t}{\Delta t_2}=$ ［ ケ ］ となる。これらのことから，観測者が聞く音の振動数 f_2 は，v, V, w, f_0 を用いて，$f_2=$ ［ コ ］ となる。

図 2

設問別難易度：ア，イ，オ 🙂⬜⬜⬜⬜　ウ，エ，カ 🙂🙂🙂⬜⬜　キ～コ 🙂🙂🙂🙂⬜

Point ┃ 風がある場合のドップラー効果　≫ イ，エ，ク，コ

音波は空気の振動が伝わる現象であるので，伝わる速さ＝音速 V は空気に対する

ものである。風がある場合は，空気が動いていると考えられるので，地上に対して音波が伝わる速さは V と異なる。風速を w とすると，音波は風下へは $V+w$，風上へは $V-w$ の速さで伝わる。この速さを音速としてドップラー効果の公式を使えばよい。

風上，風下以外の方向へは，音波の球面波の中心が，風とともに動くと考える。

解答　ア．音源が出した波の数と，観測者が受け取った波の数が同じであるので

$$f_0 \Delta t = f_1 \Delta t_1 \qquad \therefore \quad f_1 = \frac{f_0 \Delta t}{\Delta t_1} \quad \cdots ①$$

イ．音源がBで出した音がOに到達するまでの時間は $(t_1 + \Delta t_1) - \Delta t$ である。風下に向かう音の速さは，$V+w$ なので

$$L' = (V+w)(t_1 + \Delta t_1 - \Delta t)$$

ウ．音源の速さは v で，AB間の距離は $v \Delta t$ である。ゆえに

$$v \Delta t = L - L'$$

　L，L' を代入して

$$v \Delta t = L - L' = (V+w)t_1 - (V+w)(t_1 + \Delta t_1 - \Delta t)$$
$$= (V+w)(\Delta t - \Delta t_1)$$
$$\therefore \quad \frac{\Delta t}{\Delta t_1} = \frac{V+w}{V+w-v} \quad \cdots ②$$

エ．①，②式より

$$f_1 = \frac{f_0 \Delta t}{\Delta t_1} = \frac{V+w}{V+w-v} f_0$$

（これは，音速を $V+w$ としたときのドップラー効果の公式である。）

オ．音波の伝搬は，空気を基準として考える。風がある場合，空気は風の向きに動く。Aで出した音は，速さ w で図2の右向きに動く点を中心に円形に広がると考えればよい。時間 t_2 で中心がAからCへ移動すると考えればよいので

$$d = w t_2$$

カ．時刻 t_2 後には，Cを中心とする円形の波面がOに到達する。風とともに動く立場＝空気とともに動く立場では音波の速さは V なので，CO間の距離 s は

$$s = V t_2$$

キ．三平方の定理より

$$L = \sqrt{s^2 - d^2} = \sqrt{V^2 - w^2}\, t_2 \quad \cdots ③$$

ク．音源がBで出した音がOに到達するまでの時間は $(t_2 + \Delta t_2) - \Delta t$ である。

オ〜キと同様に考えて，BO 間の距離 L' は

$$L'=\sqrt{V^2-w^2}\,(t_2+\Delta t_2-\Delta t)\quad\cdots④$$

ケ．AB 間の距離は $v\Delta t$ なので，③，④式より

$$v\Delta t=L-L'=\sqrt{V^2-w^2}\,(\Delta t-\Delta t_2)$$

$$\therefore\quad \frac{\Delta t}{\Delta t_2}=\frac{\sqrt{V^2-w^2}}{\sqrt{V^2-w^2}-v}$$

コ．エと同様に考えて

$$f_2=\frac{f_0\Delta t}{\Delta t_2}=\frac{\sqrt{V^2-w^2}}{\sqrt{V^2-w^2}-v}f_0$$

参考 音源から O に向かう音波は，風の影響を考慮すると，図3のように，速度の合成より地上に対する速さが $\sqrt{V^2-w^2}$ となる。これを音速としてドップラー効果の公式を用いた結果となる。

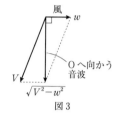

風 w

O へ向かう音波

V

$\sqrt{V^2-w^2}$

図 3

3 光 波

重要

問題67 難易度：🙂⬜⬜⬜⬜

　図1において，媒質Ⅰ，媒質Ⅱ，媒質Ⅲは屈折率がそれぞれ n_1, n_2, n_3 の媒質である。また，媒質Ⅰと媒質Ⅱの厚さは h_1 と h_2 である。媒質Ⅰの底に点光源Sを置く。Sを出て媒質Ⅰから媒質Ⅱを通り媒質Ⅲへ進む光線がある。図1のように，媒質Ⅰでの入射角を θ_1, 媒質Ⅱでの屈折角を θ_2, 媒質Ⅲでの屈折角を θ_3 とする。ただ

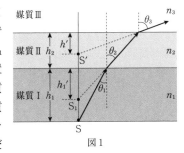

図1

し，各媒質の境界面はすべて平行であり，$n_1 > n_2 > n_3$ とする。

(1) θ_1, θ_2 と n_1, n_2 の間に成り立つ関係式を示せ。また，θ_2, θ_3 と n_2, n_3 の間に成り立つ関係式を示せ。

(2) この光線の媒質Ⅰでの波長が λ_1 であるとき，媒質Ⅱでの波長 λ_2 を λ_1, n_1, n_2 で表せ。

(3) 媒質Ⅰと媒質Ⅱの境界面で全反射を起こす θ_1 の最小値 θ_C と n_1, n_2 との関係を求めよ。

(4) Sを媒質Ⅱから見たとき，Sは媒質Ⅰと媒質Ⅱの境界面から鉛直方向に距離が $h_1{}'$ の位置 S_1 にあるように見えた。このとき $h_1{}'$ と h_1, θ_1, θ_2 との関係を求めよ。

(5) 媒質Ⅱと媒質Ⅲの境界面上に円板を置き，Sが媒質Ⅲのどこからも見えなくなるようにした。このときの円板の最小半径 R を n_1, n_2, n_3, h_1, h_2 で表せ。

(6) 円板を取り除き，Sを媒質Ⅲの真上付近から見たとき，Sは媒質Ⅱと媒質Ⅲの境界面から鉛直方向に距離が h' の位置 S' にあるように見えた。ただし，真上付近から見たとき，θ_1, θ_2, θ_3 は十分小さく，$\tan\theta_i = \sin\theta_i$ $(i=1, 2, 3)$ が成り立つと考えてよい。Sを媒質Ⅲの真上付近から見たとき，h' を n_1, n_2, n_3, h_1, h_2 で表せ。

ⱨ 設問別難易度：(1)🙂⬜⬜⬜⬜　(2)～(4)🙂🙂⬜⬜⬜
　　　　　　　(5)🙂🙂🙂⬜⬜　(6)🙂🙂🙂🙂⬜

Point　屈折の法則，全反射　≫ (1)〜(3)

屈折の法則は媒質の（絶対）屈折率を n，入射角（または屈折角）を θ，媒質中での光の速さを v，波長を λ とすると

$$n\times\begin{Bmatrix}\sin\theta\\ v\\ \lambda\end{Bmatrix}=一定$$

とすると，覚えやすい。

屈折率が大きい媒質から小さい媒質へ光が入射するとき，屈折角が 90° となる入射角を臨界角という。入射角が臨界角を超えると全反射を起こす。

解答 (1) 屈折の法則より

$$\frac{\sin\theta_1}{\sin\theta_2}=\frac{n_2}{n_1}\quad\cdots①\quad,\quad\frac{\sin\theta_2}{\sin\theta_3}=\frac{n_3}{n_2}\quad\cdots②$$

(2) 屈折率と波長の関係より　$\dfrac{\lambda_1}{\lambda_2}=\dfrac{n_2}{n_1}$　∴ $\lambda_2=\dfrac{n_1}{n_2}\lambda_1$

参考　Point にあるように，(1)は，$n_1\sin\theta_1=n_2\sin\theta_2=n_3\sin\theta_3$，(2)は，$n_1\lambda_1=n_2\lambda_2$（$=n_3\lambda_3$　ただし，λ_3 は媒質Ⅲ中での波長）とすると覚えやすい。

(3) 媒質Ⅱでの屈折角 $\theta_2=90°$ となるときが，全反射を起こす最小の入射角＝臨界角 θ_C なので，①式より

$$\frac{\sin\theta_C}{\sin 90°}=\frac{n_2}{n_1}\qquad ∴\ \sin\theta_C=\frac{n_2}{n_1}$$

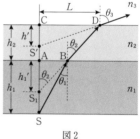

(4) 媒質Ⅰと媒質Ⅱの境界面に図2のように点A，Bをとる。ABの長さを考えて

$$AB=h_1\tan\theta_1=h_1'\tan\theta_2$$

$$∴\ h_1'=\frac{h_1\tan\theta_1}{\tan\theta_2}$$

図2

(5) 媒質Ⅱから媒質Ⅲへの入射角 θ_2 がある値 θ_C' より大きいと全反射し，光線は媒質Ⅲへ通り抜けない。ゆえに，入射角が θ_C' 以下で，媒質Ⅱから媒質Ⅲへ屈折して通過してくる光を円板により遮断すればよい。$\theta_2=\theta_C'$ となるのは，媒質Ⅲへの屈折角 $\theta_3=90°$ のときで，②式より

$$n_2\sin\theta_C'=n_3\sin 90°$$

$$∴\ \sin\theta_C'=\frac{n_3}{n_2}\quad\cdots③$$

図3

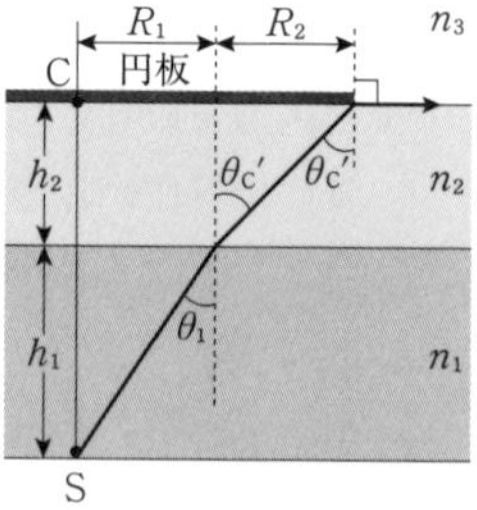

また，このときの媒質Ⅰから媒質Ⅱへの入射角 θ_1 は，①，③式より

$$\frac{\sin\theta_1}{\sin\theta_\mathrm{C}'} = \frac{n_2}{n_1}$$

$$\therefore \quad \sin\theta_1 = \frac{n_2}{n_1}\sin\theta_\mathrm{C}' = \frac{n_3}{n_1}$$

$\theta_2 = \theta_\mathrm{C}'$ の光線は図3のようになる。図3の R_1，R_2 はそれぞれ

$$R_1 = h_1\tan\theta_1 = \frac{h_1\sin\theta_1}{\sqrt{1-\sin^2\theta_1}} = \frac{n_3}{\sqrt{n_1{}^2-n_3{}^2}}h_1$$

$$R_2 = h_2\tan\theta_\mathrm{C}' = \frac{h_2\sin\theta_\mathrm{C}'}{\sqrt{1-\sin^2\theta_\mathrm{C}'}} = \frac{n_3}{\sqrt{n_2{}^2-n_3{}^2}}h_2$$

この光線より内側の領域の光を遮断すればよいので，円板の半径 R は

$$R = R_1 + R_2 = n_3\left(\frac{h_1}{\sqrt{n_1{}^2-n_3{}^2}} + \frac{h_2}{\sqrt{n_2{}^2-n_3{}^2}}\right)$$

(6) 図2で，CD間の距離 L は

$$L = h_1\tan\theta_1 + h_2\tan\theta_2 \fallingdotseq h_1\sin\theta_1 + h_2\sin\theta_2$$

h' は図2より

$$h' = \frac{L}{\tan\theta_3} \fallingdotseq \frac{h_1\sin\theta_1 + h_2\sin\theta_2}{\sin\theta_3} \quad \cdots ④$$

①，②式より

$$\frac{n_1}{n_3} = \frac{\sin\theta_3}{\sin\theta_1} \qquad \therefore \quad \sin\theta_1 = \frac{n_3}{n_1}\sin\theta_3$$

$$\frac{n_2}{n_3} = \frac{\sin\theta_3}{\sin\theta_2} \qquad \therefore \quad \sin\theta_2 = \frac{n_3}{n_2}\sin\theta_3$$

これらを④式に代入して

$$h' \fallingdotseq n_3\left(\frac{h_1}{n_1} + \frac{h_2}{n_2}\right)$$

波動

SECTION 3

以下の空欄のア〜キに入る適切な式を答えよ。

〔A〕 焦点距離がそれぞれ f_1, f_2 の凸レン
ズ L_1, L_2 を，図1のように光軸を一致さ
せて，間隔 d で置いた。2枚のレンズに
よる焦点距離＝合成焦点距離を求めよう。

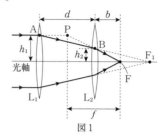

図1

L_1 に，光軸に平行な光線を入射させる。
このうち，光軸から距離 h_1 だけ離れた点
A に入射した光について考える。入射し
た光は屈折し，L_1 の焦点 F_1 に向かうが，F_1 より手前に置かれた L_2 に点 B
（光軸からの距離 h_2）で入射し，屈折して点 F で光軸と交わる。L_2 から F
までの距離を b とする。L_2 から F_1 までの距離は ア であり，F_1 に収
束する向きに進む光が L_2 に入射するので，写像公式より b を求めると，
$b=$ イ となる。

F が2枚のレンズによる焦点である。また，A を通り光軸に平行な直線
と，F から B へ向かう直線が交わる位置を点 P として，P から F までの光
軸に平行な距離が2枚のレンズの合成焦点距離 f と定義される。三角形の相
似を考えて

$$\frac{h_1}{f_1}=\frac{h_2}{\boxed{\text{ア}}} \quad , \quad \frac{h_1}{f}=\frac{h_2}{b}$$

が成り立つ。これらより，f を f_1, f_2, d で表すと

$$f=\boxed{\text{ウ}} \quad \cdots ①$$

〔B〕 図2のように，面の一方が平面で，一
方が半径 R の球面の一部である平凸レン
ズがある。ただし，点 C は，レンズの球
面の中心である。このレンズの焦点距離を
求めよう。

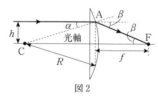

図2

光軸から距離 h で光軸に平行な光線がレンズに入射した。光線がレンズ
の凸面と交わる位置を点 A とする。光線は A で屈折し，点 F で光軸と交わ
る。入射光線が CA となす角を α $\left(0\leqq\alpha\leqq\dfrac{\pi}{2}\right)$，AF となす角を β

$\left(0\leqq\beta\leqq\dfrac{\pi}{2}\right)$ とする。レンズを作る物質の屈折率を n とすると，屈折の法則

より，α, β, n の関係は

$$\sin\alpha=\boxed{\text{エ}} \quad \cdots ②$$

となる。h を十分に小さくとり，光軸に近い領域の光線を考えて，α, β が十分に小さいとする。角 θ が十分に小さいときに成り立つ近似式 $\sin\theta \fallingdotseq \theta$ を用いて②式より β を n, α で表すと，$\beta=\boxed{\quad \text{オ} \quad}$ となる。同様に，$\sin\theta \fallingdotseq \tan\theta \fallingdotseq \theta$ が成り立つとして，これらより f を求めると

$$f=\boxed{\quad \text{カ} \quad} \quad \cdots ③$$

となる。厚みが十分に薄いレンズで h が十分に小さく光軸に近い領域を考えると，光軸に平行な光線は全て F を通り，かつ f は h によらず同一の値となるので，f がこのレンズの焦点距離と考えてよい。また，光の逆進性より，凸面から光が入射しても焦点距離は f となる。

〔C〕 図3のような，左右の面がそれぞれ半径の異なる球面である凸レンズを考える。点 C_1, C_2 は球面の中心で，球面の半径はそれぞれ R_1, R_2 である。このレンズは，2枚の平凸レンズを，それぞれの平面を距離0で貼り合わせたものと考えることができ

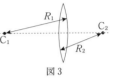

図3

る。レンズを作る物質の屈折率を n として，①，③式より，このレンズの焦点距離 f を R_1, R_2, n で表すと，$f=\boxed{\quad \text{キ} \quad}$ となる。ただし，レンズは十分に薄く，厚みは無視できるものとする。

設問別難易度：ア，エ ☺☺□□□ イ，ウ，オ，カ ☺☺☺□□ キ ☺☺☺☺□

Point 1 写像公式 ≫ イ

レンズや球面鏡から物体までの距離を a，像までの距離を b とし，焦点距離を f とすると，写像公式 $\dfrac{1}{a}+\dfrac{1}{b}=\dfrac{1}{f}$ が成り立つ。a, b, f の正負は右表のように使い分ければよい。$a<0$ のときの虚物体は聞き慣れない用語だと思うが，ある点に収束する光が入射するとき，収束点にあたか

	正	負
f	凸レンズ 凹面鏡	凹レンズ 凸面鏡
a	実物体	虚物体
b	実像	虚像

も物体があるように考え，これを虚物体と呼ぶ。収束点までの距離を負の値にし，それを a とすればよい。いずれにしても，写像公式を使いこなすためには，作図で状況を把握する力が必要である。

Point 2 レンズと屈折の法則 ≫ エ

レンズと空気との境界では，レンズを通過する光について当然であるが屈折の法則が成り立つ。写像公式ではなく，屈折の法則より焦点距離を求める問題も多い。問題文より見極めること。

解答 ア．L_1 から F_1 までの距離は焦点距離 f_1 なので，L_2 から F_1 までの距離は

$$f_1 - d$$

イ．L_2 には F_1 に収束する光が入射するが，このような場合，F_1 に物体（虚物体）があるとして，写像公式を使う際には物体までの距離を負とすればよい。つまり，**物体までの距離を $a = -(f_1 - d)$ として写像公式を使う**。L_2 が作る像までの距離が b なので

$$\frac{1}{-(f_1-d)} + \frac{1}{b} = \frac{1}{f_2} \qquad \therefore \quad b = \frac{(f_1-d)f_2}{f_1+f_2-d}$$

ウ．問題文中の式を変形して

$$\frac{h_1}{h_2} = \frac{f_1}{f_1-d} = \frac{f}{b} \qquad \therefore \quad f = \frac{f_1 b}{f_1-d}$$

イの b を代入して

$$f = \frac{f_1 f_2}{f_1+f_2-d} \quad \cdots ①$$

エ．図4のように，CA はレンズの凸面（球面）の法線であるので，光線の A での入射角は α，屈折角は $\alpha + \beta$ で，屈折の法則より

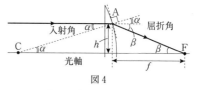

図4

$$n\sin\alpha = \sin(\alpha+\beta) \qquad \therefore \quad \sin\alpha = \frac{\sin(\alpha+\beta)}{n} \quad \cdots ②$$

オ．$\sin\alpha \fallingdotseq \alpha$，$\sin(\alpha+\beta) \fallingdotseq \alpha+\beta$ を用いて，②式を変形し β を求めると

$$\alpha \fallingdotseq \frac{\alpha+\beta}{n} \qquad \therefore \quad \beta = (n-1)\alpha$$

カ．$h = R\sin\alpha \fallingdotseq R\alpha$，また，$h = f\tan\beta \fallingdotseq f\beta$ であるので

$$R\alpha \fallingdotseq f\beta \qquad \therefore \quad f = \frac{\alpha}{\beta}R = \frac{R}{n-1} \quad \cdots ③$$

キ．それぞれ半径 R_1，R_2 の球面と平面をもつ，2枚の平凸レンズを，平面で貼り合わせたと考える。それぞれのレンズの焦点距離を f_1，f_2 とすると，③式より

$$f_1 = \frac{R_1}{n-1} \quad , \quad f_2 = \frac{R_2}{n-1}$$

2枚のレンズが間隔0で置かれていると考えればよいので，合成焦点距離 f は①式で $d=0$ として

$$f = \frac{f_1 f_2}{f_1+f_2-0} = \frac{R_1 R_2}{(n-1)(R_1+R_2)}$$

重要

問題69 難易度：😊😊◯◯◯

右図のように，屈折率がそれぞれ n_A, n_B, 厚さが d_A, d_B の2枚の平行平面の透明媒質A，Bが，真空中に平行に置かれている。これらの媒質に垂直に点Pの位置から単色光を当てたところ，点Qの位置を通過した。真空中の光速を c，波長を λ，PQ間の距離を l とし，媒質A，Bの表面から光の反射はないものとする。

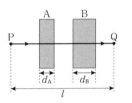

媒質A，Bがない場合について考えてみよう。

(1) 1波長を波1個と数えるとき，PQ間における波の数を求めよ。

(2) PQ間を光が通過する時間を求めよ。

次に，媒質A，Bがある場合を考えてみよう。

(3) 媒質A中の波長を求めよ。

(4) PQ間における波の数を求めよ。

(5) PQ間を光が通過する時間を求めよ。

(6) 以上の結果より，PQ間の距離は，真空中ではいくらの距離に相当すると考えられるか求めよ。

⋮ 設問別難易度：**(1)**,**(2)** 😊◯◯◯◯　**(3)〜(5)** 😊😊◯◯◯　**(6)** 😊😊😊◯◯

Point │ **光学距離** ≫ **(4)〜(6)**

光が屈折率 n の媒質中を通るとき，真空中に比べて，波長と速さがともに $\dfrac{1}{n}$ になる。ゆえに，同じ距離中に存在する波の数や，同じ距離を通過する時間は，真空中での n 倍になる。これより，屈折率 n の媒質中での距離 L は，真空中での距離 nL に相当すると考えることができる。この距離 nL を光学距離と呼ぶ。干渉条件等を考えるとき，光学距離を用いるとわかりやすい。

解答 **(1)** 波1個の長さが λ なので，波の数は $\dfrac{l}{\lambda}$

(2) 真空中の光速は c なので，PQ間を光が通過する時間は $\dfrac{l}{c}$

(3) 屈折率 n_A の媒質A中の波長は，真空中の波長の $\dfrac{1}{n_A}$ になるので，媒質A中の波長を λ_A とすると $\lambda_A = \dfrac{\lambda}{n_A}$

(4) 媒質 B 中の波長を λ_B とすると，$\lambda_B = \dfrac{\lambda}{n_B}$ であるので，PQ 間の波の数 m は

$$m = \frac{l - d_A - d_B}{\lambda} + \frac{d_A}{\lambda_A} + \frac{d_B}{\lambda_B} = \frac{l - d_A - d_B}{\lambda} + \frac{d_A}{\dfrac{\lambda}{n_A}} + \frac{d_B}{\dfrac{\lambda}{n_B}}$$

$$= \frac{l + (n_A - 1)d_A + (n_B - 1)d_B}{\lambda}$$

(5) 媒質 A，B 中の光速をそれぞれ v_A，v_B とすると，$v_A = \dfrac{c}{n_A}$，$v_B = \dfrac{c}{n_B}$ であるので，PQ 間を光が通過する時間を t とすると

$$t = \frac{l - d_A - d_B}{c} + \frac{d_A}{v_A} + \frac{d_B}{v_B} = \frac{l - d_A - d_B}{c} + \frac{d_A}{\dfrac{c}{n_A}} + \frac{d_B}{\dfrac{c}{n_B}}$$

$$= \frac{l + (n_A - 1)d_A + (n_B - 1)d_B}{c}$$

(6) (4)で求めた波の数 m や，(5)で求めた通過時間 t は，真空中で距離 $l + (n_A - 1)d_A + (n_B - 1)d_B$ の区間を，波長 λ，速さ c の光が通過した場合と同じになる。よって

$$l + (n_A - 1)d_A + (n_B - 1)d_B$$

参考 媒質 A 中で距離が $d_A \to n_A d_A$ に，媒質 B 中で距離が $d_B \to n_B d_B$ になったと考えればよい。屈折率 1 の部分が $l - d_A - d_B$ なので，PQ の真空中での相当距離＝光学距離は

$$l - d_A - d_B + n_A d_A + n_B d_B = l + (n_A - 1)d_A + (n_B - 1)d_B$$

問題70 　難易度：🙂🙂⬜⬜⬜

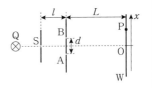

　右図で Q は波長 λ の単色光を発する光源, S は単スリット, A, B は間隔 d の複スリット, W はスクリーンである。A, B は S から等距離の位置にあり, W は A, B を含む面に平行である。A, B を含む面から S までの距離は l, W までの距離は L である。S と A, B の中点を結ぶ直線が W と交わる点を O とし, W 上に図の向きに x 軸をとる。W には干渉による明暗の縞模様が現れた。W 上の任意の点 P の座標を x とする。l, L は d, x に比べて十分に大きいとする。

(1) A, B から点 P までの経路差 AP−BP の値を求めよ。ただし, $(AP−BP)(AP+BP)=AP^2−BP^2$ であり, x, d が L に比べて十分小さいときに AP+BP ≒ 2L となることを用いよ。

(2) P が暗線となる場合の座標 x を, 整数 m を用いて表せ。また, 暗線の間隔を求めよ。

　スリット B の W 側に, 厚さ t, 屈折率 n の薄膜を置いたところ, W 上の明暗の縞模様が移動した。

(3) 明暗の縞模様の変位を求めよ。ただし, x 軸を基準に正負も考えること。

　薄膜を取り除き, スリット S の位置を x 軸に平行に図の上向きに h だけ移動させたところ, W 上の明暗の縞模様が移動した。ただし, h は l に比べて十分に小さい。

(4) 明暗の縞模様の変位を求めよ。ただし, x 軸を基準に正負も考えること。

(5) O が暗線となるような h の最小値を求めよ。

設問別難易度：(1), (2) 🙂🙂⬜⬜⬜　 (3)〜(5) 🙂🙂🙂⬜⬜

Point　ヤングの実験　≫ (1), (4)

　複スリットを通過する光による干渉が, ヤングの実験である。複スリットからスクリーン上の点までの経路差を, 近似を用いて求められるようになること。

　ただし, 毎回計算するのは時間がかかりすぎるので, 経路差が $\dfrac{dx}{L}$ であることは覚えてしまおう。

解答 (1) 三平方の定理より

$$AP^2 = L^2 + \left(x + \frac{d}{2}\right)^2 \quad , \quad BP^2 = L^2 + \left(x - \frac{d}{2}\right)^2$$

これより

$$AP^2 - BP^2 = (AP + BP)(AP - BP) = 2dx$$

ここで，$AP + BP \fallingdotseq 2L$ を用いて

$$AP - BP \fallingdotseq \frac{dx}{L} \quad \cdots ①$$

参考 $AP - BP$ を求めるには，以下の方法が一般的である。三平方の定理より

$$AP = \sqrt{L^2 + \left(x + \frac{d}{2}\right)^2} = L\sqrt{1 + \left(\frac{x + \dfrac{d}{2}}{L}\right)^2}$$

$\left(\dfrac{x + \dfrac{d}{2}}{L}\right)^2 \ll 1$ なので，$|a| \ll 1$ のときの近似式 $\sqrt{1+a} \fallingdotseq 1 + \dfrac{a}{2}$ を用いて

$$AP \fallingdotseq L\left\{1 + \frac{1}{2}\left(\frac{x + \dfrac{d}{2}}{L}\right)^2\right\}$$

同様に

$$BP = \sqrt{L^2 + \left(x - \frac{d}{2}\right)^2} = L\sqrt{1 + \left(\frac{x - \dfrac{d}{2}}{L}\right)^2} \fallingdotseq L\left\{1 + \frac{1}{2}\left(\frac{x - \dfrac{d}{2}}{L}\right)^2\right\}$$

これらより

$$AP - BP \fallingdotseq \frac{dx}{L}$$

(2) 点 P が暗線になる条件は，m を整数として

$$AP - BP = \pm\frac{\lambda}{2}, \ \pm\frac{3\lambda}{2}, \ \pm\frac{5\lambda}{2}, \ \cdots = \frac{\lambda}{2}(2m+1)$$

暗線の位置座標を x_m として，①式より

$$\frac{dx_m}{L} = \frac{\lambda}{2}(2m+1) \quad \therefore \quad x_m = \frac{L\lambda}{d}\left(m + \frac{1}{2}\right)$$

暗線の間隔を Δx とする。m と $m+1$ の暗線の間隔を求めると

$$\Delta x = x_{m+1} - x_m = \frac{L\lambda}{d}\left\{(m+1) + \frac{1}{2}\right\} - \frac{L\lambda}{d}\left(m + \frac{1}{2}\right) = \frac{L\lambda}{d}$$

(3) L は十分に大きく，光が薄膜中を通過する幾何学距離は t であると考えればよい。薄膜の屈折率は n なので，光学距離は nt である。ゆえに，A，B から P までの光路差は

$$\text{AP}-(\text{BP}-t+nt)=\text{AP}-\text{BP}-(n-1)t \fallingdotseq \frac{dx}{L}-(n-1)t$$

暗線の位置座標を $x_m{}'$ として，暗線となる条件を考えて

$$\frac{dx_m{}'}{L}-(n-1)t=\frac{\lambda}{2}(2m+1)$$

$$\therefore\quad x_m{}'=\frac{L\lambda}{d}\left(m+\frac{1}{2}\right)+\frac{(n-1)t}{d}L=x_m+\frac{(n-1)t}{d}L$$

これより，暗線の元の位置からの変位は

$$x_m{}'-x_m=\frac{(n-1)t}{d}L \quad\text{（明線の変位も同じである。）}$$

(4) S から A，B までの経路差を考える。(1)と同様に考えればよく，かつスリットを上に動かしたことより，SA＞SB なので

$$\text{SA}-\text{SB}\fallingdotseq\frac{dh}{l}$$

S→A→P を進んだ光と S→B→P を進んだ光の経路差は

$$(\text{SA}+\text{AP})-(\text{SB}+\text{BP})=(\text{SA}-\text{SB})+(\text{AP}-\text{BP})\fallingdotseq\frac{dh}{l}+\frac{dx}{L}$$

暗線の位置座標を $x_m{}''$ として，暗線となる条件を考えて

$$\frac{dh}{l}+\frac{dx_m{}''}{L}=\frac{\lambda}{2}(2m+1)$$

$$\therefore\quad x_m{}''=\frac{L\lambda}{d}\left(m+\frac{1}{2}\right)-\frac{L}{l}h=x_m-\frac{L}{l}h \quad\cdots\text{②}$$

これより，暗線の元の位置からの変位は

$$x_m{}''-x_m=-\frac{L}{l}h \quad\text{（明線の変位も同じである。）}$$

(5) ②式より，点 O（$x_m{}''=0$）が暗線となる条件を考えて h を求めると

$$0=\frac{L\lambda}{d}\left(m+\frac{1}{2}\right)-\frac{L}{l}h \quad\therefore\quad h=\frac{l\lambda}{d}\left(m+\frac{1}{2}\right)$$

これより，h が最小となるのは $m=0$ のときであるので，h の最小値は

$$\frac{l\lambda}{2d}$$

別解　A と B で，光が逆位相であればよい。そのためには，S から A，B までの経路差が $\dfrac{\lambda}{2}$ になればよいので

$$\text{SA}-\text{SB}\fallingdotseq\frac{dh}{l}=\frac{\lambda}{2}$$

これより，h の最小値は $\dfrac{l\lambda}{2d}$

　　真空中に置かれた回折格子に入射してきた単色光が格子を通過した後に作る回折波には，十分遠方で強め合う方向 θ_r[rad] $\left(-\dfrac{\pi}{2} < \theta_r < \dfrac{\pi}{2}\right)$ が少なくとも1つ，一般には複数ある。この回折波を，光が図1のように格子面に垂直に入射してきた場合と，図2のように格子面の法線に対し入射角 θ_i で斜めに入射してきた場合について考察する。格子は図1に等間隔に並んだスリットの列として描かれている。格子間隔を d[m]，入射光の波長を λ[m]，振動数を f[Hz]，光の速度を c[m/s] とする。

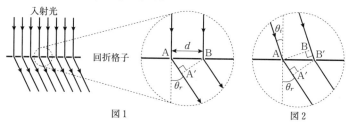

図1　　　　　　　　　　　図2

(1)　光の波長 λ，振動数 f，速度 c の間の関係を記せ。

(2)　格子面に垂直な入射光の場合を図1により考える。光路 AA′ の両端における同時刻での波の位相差を求めよ。また，m を整数として回折波の強め合う方向 θ_r と λ，d との関係を求めよ。

(3)　斜め方向からの入射光の場合を図2により考える。点 A と点 B における入射波の位相は等しい。2つの光路 AA′ と BB′ を通る波の点 A′ と点 B′ における位相の差を考え，m を整数として θ_r と θ_i，λ，d との関係を求めよ。

(4)　再び，格子面に垂直な入射光の場合を考える。回折波の強め合う方向の数は初め多数あったが，波長 λ を増大させていくとその数は減少し，直進方向（$\theta_r = 0$）を含む3方向のみとなった。さらに波長を増大させ，λ がある値 λ_0 を超えたとき，回折波の強め合う方向は，ついに直進方向のみとなった。

　(a)　上記の波長 λ_0 と格子間隔 d の関係を求めよ。

　(b)　回折波の強め合う方向が直進方向を含め3方向のみとなる場合の，入射光の波長 λ の範囲を求めよ。

設問別難易度：(1)▢▢▢▢▢　(2)〜(4)▢▢▢▢▢

Point 1 ｜ 回折格子　≫ (2)〜(4)

　回折格子には反射型と透過型があるが，いずれも多数の波源が並んでいると考えれ

ばよい。格子定数（格子の間隔）を d とすると，入射方向から角 θ の方向に回折する光について，隣り合う格子を通過した光との経路差は $d\sin\theta$ である。これより強め合い明るくなる干渉条件を考える。隣り合う格子で強め合えば，他の格子とも強め合う。暗くなる条件は複雑なので，扱われることは少ない（本書では**問題77**で取り上げる）。また反射型でも透過型でも θ が $90°$ を超える回折光はない。これより，回折光の数が決まる。

Point 2 位相差 ≫ (3)

波1個分の位相差が 2π である。ゆえに，波の位相差 $\Delta\theta$ を，経路差，時間差，波数差などから求めると

$$\Delta\theta = 2\pi \times \frac{経路差}{波長} = 2\pi \times \frac{時間差}{周期} = 2\pi \times 波数差$$

となる。また，波面と進行方向は直交する。波面とは同位相の点を結んだものであるので，進行方向に直交する線（面）上では，波は同位相である。

解答 (1) 波の基本公式より $c = f\lambda$

(2) 同時刻での A と A′ の位相差が問われているので，$\mathrm{AA}' = d\sin\theta_r$ である。これより位相差を $\Delta\theta$ とすると

$$\Delta\theta = 2\pi \times \frac{\mathrm{AA}'}{\lambda} = \frac{2\pi d\sin\theta_r}{\lambda}$$

強め合う条件を位相差で考えると

$$\Delta\theta = 0, \ \pm 2\pi, \ \pm 4\pi, \ \pm 6\pi, \ \cdots$$

であるから，m も用いて

$$\frac{2\pi d\sin\theta_r}{\lambda} = 2\pi m$$

$$\therefore \quad \sin\theta_r = \frac{m\lambda}{d} \quad (m = 0, \ \pm 1, \ \pm 2, \ \cdots) \quad \cdots ①$$

参考 強め合う条件を経路差で考えると

$$d\sin\theta_r = m\lambda \quad \therefore \quad \sin\theta_r = \frac{m\lambda}{d} \quad (m = 0, \ \pm 1, \ \pm 2, \ \cdots)$$

となり，もちろん同じ結果になる。

(3) B を通る光に対して A を通る光の経路差は

$$\mathrm{AA}' - \mathrm{BB}' = d\sin\theta_r - d\sin\theta_i$$

であるので，位相差を $\Delta\theta'$ とすると

$$\Delta\theta' = 2\pi \frac{d(\sin\theta_r - \sin\theta_i)}{\lambda}$$

ゆえに，強め合う条件は

$$\Delta\theta' = 0, \ \pm 2\pi, \ \pm 4\pi, \ \pm 6\pi, \ \cdots$$

であるから，m も用いて

$$2\pi\frac{d(\sin\theta_r - \sin\theta_i)}{\lambda} = 2\pi m$$

$$\therefore \quad \sin\theta_r = \sin\theta_i + \frac{m\lambda}{d} \quad (m = 0, \ \pm 1, \ \pm 2, \ \cdots)$$

((2)と同様に，経路差$=m\lambda$ としても，同じである。)

(4) (a) $m = 0$ の回折光のみが存在し，$m = \pm 1$ の回折光の $|\theta_r|$ が，$90°$ を超える場合である。すなわち，①式で $m = 1$ の場合を考えて，この場合の波長 λ の条件を考えると

$$\sin\theta_r = \frac{\lambda}{d} > 1 \qquad \therefore \quad \lambda > d$$

が成り立つときである。ゆえに　　　$\lambda_0 = d$

(b) $m = 0, \ \pm 1$ の回折光が存在すればよい。$m = 0$ の回折光は常に存在し，$m = \pm 1$ の回折光が存在するのは，(a)の逆を考えて

$$\lambda \leqq d \quad \cdots ②$$

が成り立つときである。さらに，$m = \pm 2$ の回折光が存在しない場合なので，①式に $m = 2$ を代入して

$$\sin\theta_r = \frac{2\lambda}{d} > 1 \qquad \therefore \quad \lambda > \frac{d}{2} \quad \cdots ③$$

が成り立つときである。②，③式の条件を満たすと $m = 0, \ \pm 1$ の回折光のみが存在し 3 本になる。ゆえに

$$\frac{d}{2} < \lambda \leqq d$$

重要

空気中で図1のように，平面ガラスの上に，一方が平面で他方が半径 R_1 の球面になっている平凸レンズをのせる。ガラスとレンズの屈折率は n_1 である。レンズの真上から波長 λ の単色光を入射させ，真上から見ると，接点 O を中心とする明暗の輪が同心円状に観察された。

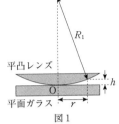

図1

(1) O から平面ガラスに沿って距離 r だけ離れた点における，平面と球面の距離 h を，r と R_1 を用いて表せ。ただし，h は R_1 に比べて十分に小さいとし，絶対値が1より十分小さい x に対して成り立つ近似式 $(1+x)^a \fallingdotseq 1+ax$ を用いよ。

(2) O から m 番目（$m = 1, 2, 3, \cdots$）の明輪の半径 r_m を，R_1, n_1, λ, m のうちの必要なものを用いて表せ。

(3) ガラスの真下から観測した場合，明暗の輪は真上から観測したときと比べてどう見えるか。次の①〜③の中から正しいものを1つ選べ。

    ① まったく同じに見える

    ② 輪の明暗が反転して見える

    ③ 明暗の輪は見えない

平面ガラスと平凸レンズの間を，屈折率 n_2（$n_2 > n_1$）の液体で満たす場合を考える。

(4) 真上から見て O から m 番目の明輪の半径を，r_m, n_1, n_2 のうちの必要なものを用いて表せ。

液体を取り除き，平面ガラスと平凸レンズの間を空気に戻す。図2のようにガラスからレンズをゆっくりと持ち上げた。レンズのガラスからの高さを d とする。

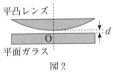

図2

(5) ゆっくり持ち上げると明輪はどうなるか。次の①，②の中から正しいものを1つ選べ。

    ① 半径が小さくなる   ② 半径が大きくなる

(6) ゆっくりと持ち上げていき，初めて元の明輪と同じ位置に明輪ができるときの d を求めよ。

平面ガラスの代わりに，図3のように屈折率 n_1 で片側が半径 R_2 の球面の平凹レンズの上に，O を接点として平凸レンズをのせる。ただし，$R_2 > R_1$ で，球

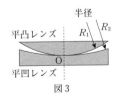

図3

面の中心は，どちらも O を通りレンズの平面に垂直な直線上にある。

(7) 真上から見て O から m 番目の明輪の半径を，r_m，n_1，R_1，R_2 のうちの必要なものを用いて表せ。

設問別難易度：(1), (3) 😊😊□□□　(2), (4)～(7) 😊😊😊□□

Point ┆ **反射の際の位相変化** ≫ (2)～(4), (7)

光が異なる媒質との境界面で反射する際は，位相の変化を考える必要がある。

屈折率が大きい媒質から小さい媒質へ向かう境界での反射

→自由端反射＝位相は変化しない

屈折率が小さい媒質から大きい媒質へ向かう境界での反射

→固定端反射＝位相は π 変化する（位相が逆になる）

これは，覚えるほかない。光の経路が 2 つあるとき，一方の光だけが位相変化する場合は，波源が逆位相になったと考えればよい。あるいは，位相差 π は波 $\dfrac{1}{2}$ 個に相当するので，$\dfrac{1}{2}$ 波長だけ経路が長くなったと考えてもよい。

解答 **(1)** 図 4 で，三平方の定理より

$$R_1{}^2 = (R_1 - h)^2 + r^2 = R_1{}^2\left(1 - \frac{h}{R_1}\right)^2 + r^2$$

ここで右辺を変形し，$h \ll R_1$ より $\dfrac{h}{R_1} \ll 1$ として，与えられた近似式を用いて

$$R_1{}^2 = R_1{}^2\left(1 - \frac{h}{R_1}\right)^2 + r^2 \fallingdotseq R_1{}^2\left(1 - \frac{2h}{R_1}\right) + r^2$$

$$\therefore \ h \fallingdotseq \frac{r^2}{2R_1}$$

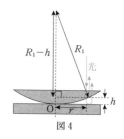

図 4

(2) 真上から見た場合，図 4 のように平凸レンズの下面と，平面ガラスの上面で反射した光が干渉する。光路差は $2h$ である。また，屈折率 $n_1 > 1$ より，レンズの下面での反射では位相は変化しないが，ガラスの上面での反射では位相が π 変化する。ゆえに，$h = 0$（光路差が 0）である O の位置では光は逆位相となり，弱め合い暗くなる。O から離れて，光路差が大きくなり $\dfrac{\lambda}{2}$，$\dfrac{3\lambda}{2}$，…となる位置に明輪ができる。m 番目の明輪では，m が 1 から始まることに注意して光路差は $\dfrac{\lambda}{2}(2m - 1)$ となる。干渉条件から半径 r_m を求

220　第 2 章　波動

めると

$$2h = \frac{r_m{}^2}{R_1} = \frac{\lambda}{2}(2m-1) \qquad \therefore \quad r_m = \sqrt{\frac{\lambda R_1}{2}(2m-1)}$$

(3) 真下から観測すると，図5のように，反射せずに
透過した光と，ガラスの上面とレンズの下面で2回
反射した光が干渉する。反射のたびに位相が π 変
化し，合計 2π 変化するので，干渉条件は真上から
見る場合と逆になる。ゆえに

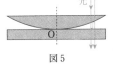
図5

② **輪の明暗が反転して見える**

(4) 屈折率 n_2 の液体中で光の経路に差ができるので，O から r だけ離れた位
置で光路差は $2n_2 h = \dfrac{n_2 r^2}{R_1}$ となる。また，$n_2 > n_1$ より，レンズの下面での
反射では位相が π 変化し，ガラスの上面での反射では位相は変化しなくな
るが，結局，干渉条件は同じである。ゆえに，m 番目の明輪の半径を $r_m{}'$
とすると

$$\frac{n_2 r_m{}'^2}{R_1} = \frac{\lambda}{2}(2m-1) \qquad \therefore \quad r_m{}' = \sqrt{\frac{\lambda R_1}{2n_2}(2m-1)} = \frac{r_m}{\sqrt{n_2}}$$

(5) O から r だけ離れた位置で光路差は $2(h+d)$ となるので，元の状態で m
番目の明輪と同じ光路差となる位置は，より r が小さい位置である。ゆえ
に

① **半径が小さくなる**

(6) 元の状態で m 番目の明輪の位置に，$m+1$ 番目の明輪が来たとき，初め
て元の状態と同じになる。同じ位置で光路差が $2d$ 増加し，これが λ に相当
するので

$$2d = \lambda \qquad \therefore \quad d = \frac{\lambda}{2}$$

別解 (5)，(6)について，元の状態で m 番目の明輪の d だけ持ち上げたとき
の半径を S_m とすると

$$2(h+d) = \frac{S_m{}^2}{R_1} + 2d = \frac{\lambda}{2}(2m-1)$$

$$\therefore \quad S_m = \sqrt{\frac{\lambda R_1}{2}(2m-1) - 2dR_1}$$

となり，① **半径が小さくなる**ことがわかる。また，元の m 番目の明輪と，
レンズを動かしたときの $m+1$ 番目の明輪の半径が一致するので

$$r_m = S_{m+1}$$

$$\sqrt{\frac{\lambda R_1}{2}(2m-1)} = \sqrt{\frac{\lambda R_1}{2}\{2(m+1)-1\}-2dR_1} \qquad \therefore \quad d=\frac{\lambda}{2}$$

(7) O から r だけ離れた位置で，O を通りレンズの平面と平行な面から，平凸レンズの下面までの距離を h_1 とすると $h_1=\dfrac{r^2}{2R_1}$，平凹レンズの上面までの距離を h_2 とすると $h_2=\dfrac{r^2}{2R_2}$ で，光路差は $2(h_1-h_2)$ となる。位相変化は(2)と同じなので，m 番目の明輪の半径を $r_m{}''$ とすると

$$2(h_1-h_2)=r_m{}''^2\left(\frac{1}{R_1}-\frac{1}{R_2}\right)=\frac{\lambda}{2}(2m-1)$$

$$\therefore \quad r_m{}''=\sqrt{\frac{\lambda R_1 R_2(2m-1)}{2(R_2-R_1)}}=\sqrt{\frac{R_2}{R_2-R_1}}\,r_m$$

問題73　難易度：◱◱◱◻◻

　光の干渉を利用するとガラス板に密着した薄膜の膜厚を測定することができる。平行平面ガラス板AとBがあり，図1のようにガラス板Bの一部は膜厚dの薄膜Fでおおわれている。図2に示すように，空気中でこれらのガラス板AとBを傾斜角θでくさび状に重ね，波長λの単色平行光線をガラス板Bに対して垂直になるように上から当てた。そして，ガラス板A上からその反射光を見たところ，図3に示すような階段状の暗い干渉縞（以下では暗線と呼ぶ）が観察された。ガラス板Aとガラス板Bの接点をPとし，またガラス板Aと薄膜Fの接点をOとすると，PとOの間には暗線は観察されなかった。Oから測った薄膜F上のm番目と$(m+1)$番目の暗線までの距離を，それぞれ

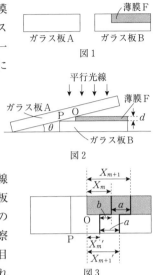

図1

図2

図3

X_mおよびX_{m+1}とし，またOから測ったガラス板B上のm番目と$(m+1)$番目の暗線までの距離をそれぞれ$X_m{}'$および$X_{m+1}{}'$とする。いずれの暗線も平行で，間隔はaであった。薄膜F上とガラス板B上にできたm番目の暗線のずれはbであった。図3にはX_m, $X_m{}'$, X_{m+1}および$X_{m+1}{}'$の位置における暗線のみを示している。空気の絶対屈折率を1，ガラス板AとBおよび薄膜Fの絶対屈折率は1よりも大きく，また薄膜Fは光を通さないものとする。

(1)　PとOの間に暗線は観察されなかった。このときのdとλの関係を示せ。

(2)　X_mと$X_m{}'$の位置において干渉縞が暗線となるための条件式をそれぞれX_m, θ, λ, mおよび$X_m{}'$, θ, λ, d, mを用いて表せ。

(3)　暗線の間隔aをθとλを用いて表せ。

(4)　暗線のずれbをθとdを用いて表せ。

(5)　薄膜Fの膜厚dをa, b, λを用いて表せ。

設問別難易度：(1)〜(5)◱◱◱◻◻

Point 1 ┃ どこで経路の差がついているのか？　問題をしっかり読む　≫ (2)

　本問では，薄膜のあるところでの干渉は，どこでどのように反射や屈折をした光によるものなのかを読み取ることが難しい。問題文の最後に「薄膜Fは光を通さない」とある。ここまでしっかりと読んで初めて，薄膜は不透明なのだから，表面で反射す

る光が干渉に関係するとわかる。問題文は最後までしっかり読むこと。

Point 2 くさび形空気層における干渉 ≫ (3)

光の干渉の問題は，光路差と反射による位相変化により干渉
条件を考えるのが基本だが，このようなくさび形空気層におけ
る干渉では，隣り合う明線（または暗線）について考えると簡
単にわかる場合が多い。例えば，図4のように隣り合う明線の
位置で，光路差は波長 λ だけ長くなるので

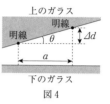

図4

$$2\Delta d = \lambda \qquad \therefore \quad \Delta d = \frac{\lambda}{2}$$

明線の間隔を a として

$$a = \frac{\Delta d}{\tan\theta} = \frac{\lambda}{2\tan\theta}$$

と容易に求めることができる。

解答　薄膜のないところでは，ガラス板Aの下面とガラス板Bの上面で反射した
光が干渉する。薄膜のあるところでは，ガラス板Aの下面と薄膜の上面で反
射した光が干渉する。ガラス板Aの下面での反射では位相は変化せず，ガラ
ス板Bおよび薄膜の上面での反射では位相が π 変化する。ゆえに，ある位置
でのガラス板Aと，ガラス板Bまたは薄膜までの距離を y とすると，暗線が
できる条件は，m を整数として

　　　$2y = m\lambda$

となるので，PとOの位置は $m = 0$ の暗線となっている。P，O以外の暗線を
それぞれP，Oから近い順に1番目，2番目，$\cdots$，m 番目とする。

(1)　PとOの間に暗線がないのは，PからOまでの位置の光路差が $m = 1$ の
暗線の条件を満たさないからである。ゆえに　　　$2d < \lambda$

(2)　図5(a)のように薄膜のあるところでは，
光路差は $2X_m\tan\theta$ なので，暗線となる条
件は

　　　$2X_m\tan\theta = m\lambda$ $\cdots$①

また，図5(b)のように薄膜のないところで
は，光路差は $2(d + X_m{}'\tan\theta)$ なので，暗
線となる条件は

　　　$2(d + X_m{}'\tan\theta) = m\lambda$ $\cdots$②

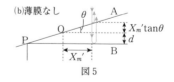

図5

(3) ①式より

$$X_m = \frac{m\lambda}{2\tan\theta}$$

m 番目と $m+1$ 番目の暗線の間隔を求めて

$$a = X_{m+1} - X_m = \frac{(m+1)\lambda}{2\tan\theta} - \frac{m\lambda}{2\tan\theta} = \frac{\lambda}{2\tan\theta} \quad \cdots ③$$

（薄膜のない位置での $X_m{}'$ を用いても結果は同じである。）

別解　薄膜の有無に関係なく，隣り合う暗線の位置では，光路差の差は $2a\tan\theta$ であり，これが λ に相当するので

$$2a\tan\theta = \lambda \quad \therefore \quad a = \frac{\lambda}{2\tan\theta}$$

(4) ②式より

$$X_m{}' = \frac{m\lambda}{2\tan\theta} - \frac{d}{\tan\theta}$$

OP 間に暗線はないので，X_m も $X_m{}'$ も O からそれぞれ m 番目の暗線であり，X_m と $X_m{}'$ は隣り合っている。ゆえに

$$b = X_m - X_m{}' = \frac{d}{\tan\theta} \quad \cdots ④$$

(5) ③，④式より $\tan\theta$ を消去して d を求める。

$$d = \frac{b\lambda}{2a}$$

問題74　難易度：▢▢▢▢▢

以下の空欄のア～クに入る適切な式を答えよ。

図1のように，空気中にある一様な厚さ d の薄膜に，波長 λ の平行光線が入射角 α で斜めに入射する。点 A で屈折し点 B で反射して，点 C で再び屈折して観測者 D に達する光線aと，点 A′ を通り点 C で反射して直接 D に達する光線b について強め合う条件を考えよう。ただし，空気の屈折率を1，薄膜の屈折率を n とし，点 A での屈折角を β とする。

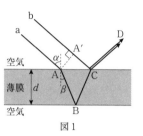

図1

薄膜中の光の波長を λ' とすると，n, λ を用いて，$\lambda' = \boxed{\text{ア}}$ となる。AB+BC が λ' の j 倍であり，A′C が空気中の波長 λ の k 倍であるとする。2 つの光線が強め合う条件を，反射の際の位相変化に注意し，整数 m（$m=0$, 1, 2, …）を用いて表すと

$$j-k = \boxed{\text{イ}} \quad \cdots ①$$

となる。図1より，AB+BC を d, β で表すと，AB+BC$= \boxed{\text{ウ}}$ となるので，λ, n, d, β を用いて，$j = \boxed{\text{エ}}$ となる。また，A′C$=$AC$\sin\alpha$ であることより，A′C を d, α, β で表すと，A′C$= \boxed{\text{オ}}$ となる。ここで，屈折の法則より n, α, β の関係を求めて A′C の α を消去し，k を λ, n, d, β で表すと，$k = \boxed{\text{カ}}$ となる。j, k を①式に代入し，2 つの光線が強め合う条件を λ, n, d, β, m で表すと，$\boxed{\text{キ}}$ となる。

いま，$n=1.5$ の薄膜に，$\lambda=6.2\times10^{-7}$ m の光線を $\alpha=30°$ で入射させると，反射光が強め合うための最小の膜厚は $d = \boxed{\text{ク}}$ m である。

設問別難易度：ア ▢▢▢▢▢　　イ，エ，カ～ク ▢▢▢▢▢　　ウ，オ ▢▢▢▢▢

Point 1 ｜ どこが同位相かをしっかりとらえる　》イ

光の光路差（光学距離で考えた経路の差）を求めるとき，光がどこまで同位相かをしっかりとらえることが重要である。そのために，同位相の点を結んだ波面がどれかを考える。考えるときには，波面が進行方向と直交することを利用すればよい。

Point 2 ｜ 干渉条件を波数の差で考える　》イ

干渉条件は，光路差と波長で考えることが多いが，本問では波の数（波数）の差で考えている。これらは同じことで，途中で位相変化がなければ波の差が 0 個，1 個，

2 個，…のとき強め合い，$\dfrac{1}{2}$ 個，$\dfrac{3}{2}$ 個，$\dfrac{5}{2}$ 個，…のとき弱め合う。波の数は，距離を波長で割ればよい。

Point 3 **光学距離で考える** ≫ キ

　真空（≒空気）以外の媒質中で経路の差が生じる場合は，光学距離で考える。距離の差を考える場合ももちろんであるが，本問のような波の数を考える場合も有効である。つまり，屈折率 n の媒質中では，波長は $\dfrac{1}{n}$ 倍になるのだが，そう考えずに距離が n 倍になり（＝光学距離），波長は変わらないとした方がわかりやすい。

解答　ア．屈折率と波長の関係より

$$1 \times \lambda = n \times \lambda' \qquad \therefore \quad \lambda' = \frac{\lambda}{n}$$

イ．**AA′ は波面であり，同位相である。これ以後，波の数の差より干渉条件を考える**。問題文中に書かれていることは AB＋BC 間に波が j 個，A′C 間に波が k 個あるということである。さらに C での反射では，屈折率が小から大への媒質での反射なので，位相が π 変化し，これは波 $\dfrac{1}{2}$ 個分のずれに相当する。これを考慮すると，A′C 間に波が $k+\dfrac{1}{2}$ 個あると考えてよい。
C で波の数の差が整数になれば強め合う。ゆえに

$$j - \left(k + \frac{1}{2}\right) = m \qquad \therefore \quad j - k = m + \frac{1}{2} \quad \cdots ①$$

（C の反射で位相が変化するので，強め合う条件は波の数の差が $\dfrac{1}{2}$，$\dfrac{3}{2}$，$\dfrac{5}{2}$，…のときである，と考えてもよい。）

ウ．図 1 より，$\text{AB} = \text{BC} = \dfrac{d}{\cos\beta}$ であるので　　$\text{AB} + \text{BC} = \dfrac{2d}{\cos\beta}$

エ．波の数は経路の長さを光学距離で考えて，波長 λ で割ればよいので

$$j = \frac{n(\text{AB} + \text{BC})}{\lambda} = \frac{n \times \dfrac{2d}{\cos\beta}}{\lambda} = \frac{2nd}{\lambda\cos\beta}$$

別解　光学距離を使わず，実際の距離を，実際の波長で割ってもよい。

$$j=\frac{\text{AB}+\text{BC}}{\lambda'}=\frac{\dfrac{2d}{\cos\beta}}{\dfrac{\lambda}{n}}=\frac{2nd}{\lambda\cos\beta}$$

オ．AC＝$2d\tan\beta$ より

$$\text{A'C}=\text{AC}\sin\alpha=2d\sin\alpha\tan\beta\quad\cdots②$$

カ．屈折の法則より，$1\times\sin\alpha=n\times\sin\beta$ なので，これを②式に代入して

$$\text{A'C}=2nd\sin\beta\tan\beta$$

この区間の波長は λ であるので，k は

$$k=\frac{\text{A'C}}{\lambda}=\frac{2nd\sin\beta\tan\beta}{\lambda}$$

キ．$j-k$ を整理すると

$$j-k=\frac{2nd}{\lambda\cos\beta}-\frac{2nd\sin\beta\tan\beta}{\lambda}=\frac{2nd}{\lambda}\left(\frac{1}{\cos\beta}-\frac{\sin^2\beta}{\cos\beta}\right)=\frac{2nd\cos\beta}{\lambda}$$

①式に代入して，強め合う条件を求めると

$$\frac{2nd\cos\beta}{\lambda}=m+\frac{1}{2}\quad\cdots③$$

参考 波面は進行方向に垂直であるので，図2のように，光線 b が C に達したとき，光線 a の同位相の点は C′ である。ゆえに，光線 a，b の経路の差は C′B＋BC と考えてもよい。薄膜の裏面に対して C の対称点を E として，BC＝BE より経路差を光学距離で考えると

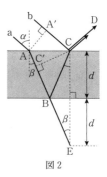

$$n(\text{C'B}+\text{BC})=n\text{C'E}=2nd\cos\beta$$

となる。C での反射の際の位相変化を考慮して，強め合う条件を考えると，もちろん③式と一致する。

図2

ク．入射角 α より，$\cos\beta$ を求める。屈折の法則より，$\sin\alpha=n\sin\beta$ も用いて

$$\cos\beta=\sqrt{1-\sin^2\beta}=\sqrt{1-\frac{\sin^2\alpha}{n^2}}$$

これを③式に代入する。d が最小になるのは $m=0$ のときであることを考慮して

$$\frac{2nd}{\lambda}\times\sqrt{1-\frac{\sin^2\alpha}{n^2}}=\frac{1}{2}\qquad\therefore\quad d=\frac{\lambda}{4\sqrt{n^2-\sin^2\alpha}}$$

与えられた数値を代入して

$$d=\frac{6.2\times10^{-7}}{4\times\sqrt{1.5^2-0.5^2}}=\frac{6.2\times10^{-7}}{4\times1.41}=1.09\times10^{-7}\fallingdotseq1.1\times10^{-7}\,\text{m}$$

　図1は真空中に置かれた装置で，Sは波長λの単色光を出す光源，Hは厚さの無視できる半透明鏡，M₁，M₂は平面鏡，Dは光の検出器である。Sから出た光の半分がHで反射してM₁に向かい，残り半分がHを透過してM₂へ向かう。M₁，M₂は光線に垂直に置かれている。M₁で反射してHを透過した光とM₂で反射してHで反射した光が検出器Dへ入り，明るさが

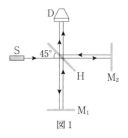

図1

観測される。図1の状態で光は干渉して強め合い，Dでは明るい光が観測された。

　図1の状態からM₁をゆっくりと下に動かすと，観測される光は明暗を繰り返した。

(1)　Dで観測される光が明るい状態から暗くなり初めて明るくなったとき，H→M₁→Hへと進む光の光路長はいくら長くなったか求めよ。

(2)　M₁を動かし始めてから，N回目に明るくなったとき，M₁を移動させた距離を求めよ。

　M₁を図1の状態に戻し，HとM₁の間に，屈折率n，厚さdの透明な薄膜を，薄膜の表面に光が垂直に入射するように置いたところ，観測される光の明るさが変化した。ただし，薄膜は十分に薄く，薄膜による光路長の変化はλより小さいものとする。また，薄膜での反射光の影響は無視できるものとする。

(3)　H→M₁→Hへと進む光の光路長はいくら変化したか求めよ。

(4)　観測される光が初めて明るくなるまで，M₁を下方にゆっくり動かす。M₁を移動させた距離を求めよ。

　薄膜を取り除き，図2のようにHとM₁の間に，直方体の透明容器を，ある面に光が垂直に入射するように置いた。光が通る方向の容器の内側の長さをLとする。初め容器内は真空で，M₁を動かして，観測される光が明るくなるように調整した。容器に少しずつ空気を入れると，観測される光は明暗を繰り返した。m回目に明るくなったとき，容器内の空気の圧力がちょうど1気圧になった。

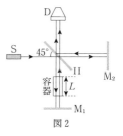

図2

(5)　1気圧の空気の屈折率をn_Aとする。容器内の空気が真空から圧力1気圧になるまでの間に，H→M₁→Hへと進む光の光路長はいくら長くなったか求めよ。

(6)　$\lambda=5.6\times10^{-7}$m，$L=10$cmのとき，$m=100$であった。n_Aを求めよ。

このような装置をマイケルソン干渉計といい，経路のごくわずかな変化を検出するために用いられる。他にも同様な目的の装置（干渉計）があるが，いずれも光路差が1波長だけ変化すると，光の明暗の変化が1回生じる。これを利用して解くこと。

解答 (1) M_1 で反射される光の光路長が λ だけ長くなると再び明るくなる。

(2) N 回目に明るくなったとき，光路長は初めの光路長と比べて $N\lambda$ だけ長くなっている。M_1 を移動させた距離を x_1 として，H から M_1 へ向かう光の往復分 $2x_1$ だけ光路長が長くなることに注意して

$$2x_1 = N\lambda \qquad \therefore \quad x_1 = \frac{N\lambda}{2}$$

(3) 薄膜中を通過する光の幾何学距離が d なので，光路長は nd である。薄膜がないと光路長 d であったものが nd になる。光路長は長くなるので，光が往復することに注意して，その変化は

$$2nd - 2d = 2(n-1)d$$

(4) (3)の光路長の変化は，問題に示された条件より，λ より小さい。M_1 を下に動かしてさらに光路長を長くすることで，薄膜による変化と併せて光路長の変化が合計 λ になれば，再び明るくなる。M_1 を動かした距離を x_2 として

$$2(n-1)d + 2x_2 = \lambda \qquad \therefore \quad x_2 = \frac{\lambda}{2} - (n-1)d$$

(5) 真空の屈折率は1で，$n_A > 1$ より，空気を入れることで光路長は長くなる。光路長の変化は

$$2n_A L - 2L = 2(n_A - 1)L \quad \cdots ①$$

(6) m 回目に明るくなるまでに，光路長は $m\lambda$ だけ長くなったので，①式より

$$2(n_A - 1)L = m\lambda \qquad \therefore \quad n_A = 1 + \frac{m\lambda}{2L}$$

与えられた数値を代入する。$L = 10\,\mathrm{cm} = 0.10\,\mathrm{m}$ であることに注意して

$$n_A = 1 + \frac{100 \times 5.6 \times 10^{-7}}{2 \times 0.10} = 1.00028$$

難易度：⚈⚈⚈⚈▢▢▢

　図1のような形状をした複プリズム（バイプリズム）がある。複プリズムの頂角（∠CAB と ∠ACB）はともに α，屈折率は n である。波長 λ の単色光を出す光源，ピンホール（小さな穴の空いた板），レンズ，複プリズム，スクリーンを図2のように置く。スクリーンおよび複プリズムの平面 ACFD はレンズの光軸に垂直で，光軸はピンホールと辺 BE 上の1点を通り，光軸がスクリーンと交わる点を O とする。ピンホールを通過した光は，レンズを通過して平行光線となり，複プリズムに垂直に入射する。

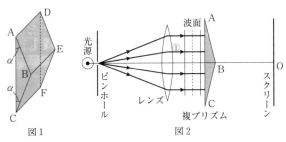

図1　　　　　　　　　　図2

(1)　図2の①の光線は，複プリズムを通過してどのように進むか，進行方向の概略を図で描け。

(2)　複プリズムに入射した光が，複プリズムを通過して曲げられる角度を θ とする。θ を n，α を用いて表せ。ただし，角度 α，θ は十分に小さいものとし，$\sin\alpha \fallingdotseq \alpha$，$\sin\theta \fallingdotseq \theta$ が成り立つものとする。

(3)　複プリズムを通過した光は，進行方向の異なる平面波となる。スクリーンの近くでのこれらの光の波面の概略を描け。ただし，複プリズムの面 ABED を通過した光の山の波面がスクリーン上の O を通るときの波面を描くものとし，山の波面を実線で，谷を点線で表すこと。

(4)　スクリーン上には，紙面に垂直に干渉縞が現れる。干渉縞の間隔を λ，n，α を用いて表せ。

⌇設問別難易度：(1), (2) ⚈⚈▢▢▢　(3), (4) ⚈⚈⚈▢▢

Point ┃ **平面波の干渉，腹線と節線**　≫ (3), (4)

　波の基本として学んだ平面波の干渉を光に応用した問題である。腹線の位置で明るくなり，節線の位置で暗くなる。波面の動きを考えて，腹線と節線の位置をしっかり考えるようにしよう。

解答 (1) 光は面 ACFD に垂直に入射し，面 ABED への入射角が α となる。屈折角を β として，屈折の法則より

$$\sin\beta = n\sin\alpha \quad \cdots ①$$

$n>1$ であるので $\beta>\alpha$ である。ゆえに，図3のようになる。

（解答としては，図に θ と β は不要。）

図3

(2) α，θ と屈折角 β は図3のようになり，$\beta=\alpha+\theta$ である。α，β は十分に小さいとして $\sin\alpha \fallingdotseq \alpha$，$\sin\beta \fallingdotseq \beta$ を①式に用いて

$$\beta \fallingdotseq n\alpha$$

よって

$$\alpha+\theta \fallingdotseq n\alpha$$

$$\therefore \quad \theta \fallingdotseq (n-1)\alpha \quad \cdots ②$$

(3) スクリーンに対する入射角，反射角は θ である。波面は進行方向と直交するので，波面がスクリーンとなす角も θ である。面 ABED を通過した光の山の波面が O を通過するとき，対称性から，面 BCFE を通過した光の山もこのとき O を通過する。ゆえに，図4のようになる。

(4) 図4の状態に，波の移動方向も考えて，波の強め合う腹線を太い緑色の実線で示すと図5のようになる。腹線とスクリーンが交わる点が明線となる。山と谷の波面の間隔は $\dfrac{\lambda}{2}$ であるので，スクリーン上での明線の間隔を Δx とすると

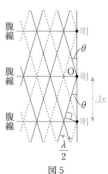

図4

$$\Delta x\sin\theta = \frac{\lambda}{2}$$

$$\therefore \quad \Delta x = \frac{\lambda}{2\sin\theta} \fallingdotseq \frac{\lambda}{2\theta}$$

②式の θ を代入して

$$\Delta x \fallingdotseq \frac{\lambda}{2(n-1)\alpha}$$

図5

問題77 難易度：🗂️🗂️🗂️🗂️🗂️

以下の文を読み，ア～オに入る適切な式を答えよ。また，①～⑥では適切な語句を選べ。

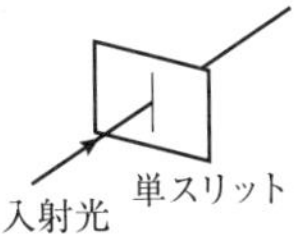

図1のように，光を単スリットに入射させても，回折により光の明暗が生じる。明暗が生じる方向を以下のようにして考えよう。

入射光　単スリット

図1

スリットの幅をdとして，断面を図2に示す。図の点A，Bはスリットの両端の点で，図の左側から波長λの単色光がスリットの面に垂直に入射している。このうち，入射方向に対し角θの方向に進む光について考えよう。AとBでそれぞれ回折した光の光路差ΔLは図のBB′で，$\Delta L = $ ア である。$\theta = 0$の方向では，スリットを通過した全ての光の光路差は0であるので，光は ① 強め合う，弱め合う。

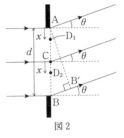

図2

ここで，$\Delta L = \lambda$が成り立つ方向を考える。図2のように，ABの中点に点Cをとる。AとCを通過した光の光路差は，λを用いて イ となるので，② 強め合う，弱め合う。次に，AおよびCから任意の同じ距離xだけB方向に離れた点D_1，D_2を考える。D_1，D_2を通過した光の光路差は，λを用いて ウ となる。ゆえに，区間ACと区間CBを通過した光は ③ 強め合う，弱め合う ので，この方向へ回折する光は，④ 明るい，暗い。

さらに，$\Delta L = \dfrac{3}{2}\lambda$が成り立つ方向を考える。図3のようにABを3等分するように点C_1，C_2をとる。区間AC_1と区間C_1C_2を通る光について考える。AとC_1を通過した光の光路差は，λを用いて エ となる。ゆえに，区間AC_1と区間C_1C_2を通る光は全て ⑤ 強め合う，弱め合う。しかし，区間C_2Bを通る光は，干渉して弱め合う区間がないので，この方向へ回折する光は完全に暗くならない。

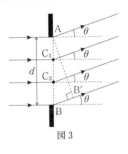

図3

そして，$\Delta L = 2\lambda$が成り立つ場合は，ABを4区間に分けて考える。この方向へ回折する光は，これまでと同様に考えて，⑥ 明るい，暗い。

以上の考察より，回折光が暗くなる方向の$\sin\theta$は，d，λと自然数mを用いて，$\sin\theta = $ オ （$m = 1, 2, 3, \cdots$）となる。

設問別難易度：ア，① 🗂️🗂️⬜⬜⬜　イ，② 🗂️🗂️🗂️⬜⬜
ウ，エ，③，④ 🗂️🗂️🗂️🗂️⬜　オ，⑤，⑥ 🗂️🗂️🗂️🗂️🗂️

　スリットが1本だけ（単スリット）でも，光は干渉する。これは，スリット（穴の空いている部分）にも幅があるからである。スリットの幅を d とし，光の波長を λ とすると，m を自然数として

$$d\sin\theta = m\lambda \quad (m=1,\ 2,\ 3,\ \cdots)$$

を満たす θ の方向で暗くなる。これは覚える必要のある公式ではないが，本問のように誘導にしたがって考えて答えを出す練習をしておくことは，難関大の入試対策では必須である。

解答　ア．図2で，$\angle BAB'=\theta$ より　　$\varDelta L=d\sin\theta$

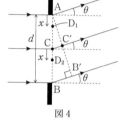

図4

①　光路差が0であるので　　**強め合う**

イ．図4で，AとCを通過した光の光路差はCC′である。$AC=\dfrac{d}{2}$ より，$CC'=\dfrac{d}{2}\sin\theta=\dfrac{\varDelta L}{2}$ である。

　$\varDelta L=\lambda$ より光路差は

$$CC'=\frac{\lambda}{2}$$

②　光路差が $\dfrac{\lambda}{2}$ なので　　**弱め合う**

ウ．$D_1 D_2=\dfrac{d}{2}$ なので，イと同様に考えて，光路差は　　$\dfrac{\lambda}{2}$

③　区間 AC 内の任意の D_1 に対して，必ず光路差が $\dfrac{\lambda}{2}$ となる区間 CB 内の D_2 がある。ゆえに，区間 AC と区間 CB を通過した光は完全に

　　弱め合う

④　③より光は弱め合うので，この方向の光は　　**暗い**

エ．$AC_1=\dfrac{d}{3}$ より，A と C_1 を通過した光の光路差は，$\dfrac{d}{3}\sin\theta=\dfrac{\varDelta L}{3}$ である。

　$\varDelta L=\dfrac{3}{2}\lambda$ なので，光路差は　　$\dfrac{\lambda}{2}$

⑤　A と C_1 から等距離の点を通過する光を考えると，光路差は $\dfrac{\lambda}{2}$ であり，区間 AC_1 と区間 C_1C_2 を通過した光は　　**弱め合う**

　参考　問題文にあるように，区間 C_2B を通過した光は，弱め合う相手（区間）がいない。ゆえに，この方向では光は完全に暗くならないと考えられる。

⑥ 4区間に分けてイと同様に考えると，隣り合う区間の光路差は $\dfrac{\lambda}{2}$ で，各区間ごとに弱め合う相手が存在するので　　暗い

オ．以上の考察より，A，B を通過した光の光路差が $\dfrac{\lambda}{2}$ の偶数倍のとき（＝光路差 $\dfrac{\lambda}{2}$ の偶数個の区間に分けられるとき），弱め合い暗くなるので，暗くなる条件は

$$d\sin\theta = 2m \times \dfrac{\lambda}{2} \qquad \therefore \quad \sin\theta = \dfrac{m\lambda}{d} \quad (m=1,\ 2,\ 3,\ \cdots)$$

以下の空欄のア～コに入る適切な式，数値を答えよ。なお，【　　】は，すでに与えられた空欄と同じものを表す。

格子定数 d の回折格子がある。波長 λ の単色光を入射させたとき，明るい回折光が見える方向の入射方向からの角を θ とする。d, λ, θ が満たす条件は，m を整数として

$$\boxed{\quad ア \quad} \cdots ①$$

である。

回折光が暗くなる方向を考えよう。回折格子は一般に，間隔 d で多数のスリットが並んでいると考えることができる。この場合，隣り合うスリットどうしが干渉により弱め合っても，さらに隣のスリットと弱め合うとは限らないので，条件が複雑になる。そこで，まずスリットが2つだけの回折格子を考える。この回折格子で0次の明るい回折光（①式で $m=0$ の回折光。$\theta=0$ の方向である）と1次の回折光（①式で $m=1$ の回折光）の間で暗くなる条件を考える。

図1で，2つのスリットを通過して θ の方向に進む光の位相差 α は，$\alpha=\boxed{\quad イ \quad}$ である。0次の回折光では $\alpha=0$ であり，1次の回折光では $\alpha=2\pi$ である。これより $0<\alpha<2\pi$ の範囲で，光が弱め合う方向を考える。

図1

光の角振動数を ω，振幅を A とする。スリット S_1 を通過した光の，回折格子から遠方で時刻 t での変位 y_1 を $y_1=A\sin\omega t$ とすると，同じ位置で S_2 を通過した光の時刻 t での変位 y_2 は，α も用いて

$$y_2=\boxed{\quad ウ \quad}$$

となる。S_1 と S_2 を通過した光が打ち消し合うためには，t によらず常に $y_1+y_2=0$ が成り立たなければならないので，$\alpha=\boxed{\quad エ \quad}$ のときである。$0<\alpha<2\pi$ の範囲で光が弱め合う方向は，1つだけ存在することになる。

次に，図2のようにスリットが3つある場合を考える。スリット S_1 と S_2 を通過して θ の方向に進む光の位相差 α は，$\alpha=$【　イ　】であり，S_2 と S_3 を通過した光の位相差も同じである。S_1 を通過した光の，回折格子から遠方で時刻 t での変位 y_1 を $y_1=A\sin\omega t$ とすると，同じ位置で S_2, S_3 を通過した光の変位 y_2, y_3 は，それぞれ α も用いて

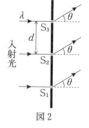

図2

$$y_2=【\ ウ\ 】 \quad , \quad y_3=\boxed{\quad オ \quad}$$

となる。これらの光が弱め合うためには，t によらず常に $y_1+y_2+y_3=0$ とな

る必要があるが，これを以下のように図を使って考えよう。図3はこれら光の変位 y_1, y_2, y_3 をベクトル $\overrightarrow{A_1}$, $\overrightarrow{A_2}$, $\overrightarrow{A_3}$ としてそれぞれ表したものである。ベクトルの長さが振幅 A を表し，また y_1 を基準として y_2, y_3 の位相のずれを反時計回りにベクトルの方向で表している。$y_1+y_2+y_3$ は，これらの3つのベクトルの和になる。ゆえに，和が0となる α

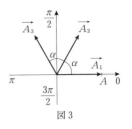

図3

を $0<\alpha<2\pi$ の範囲で全て挙げると，$\alpha=\boxed{\text{カ}}$ で，弱め合う方向が $\boxed{\text{キ}}$ 方向あることになる。

　同様に考えてスリットが4つの場合は，$\alpha=\boxed{\text{ク}}$ の $\boxed{\text{ケ}}$ 方向で弱め合う。これらより，スリットの数が N 個の場合は，弱め合う方向は $\boxed{\text{コ}}$ 方向になることがわかる。一般に回折格子ではスリットが多数あるので，明るい方向以外では暗くなる方向が多数あることになり，明るい回折光のみが目立つことになる。

設問別難易度：ア ☺☺□□□　イ～エ ☺☺☺□□
オ～ケ ☺☺☺☺□　コ ☺☺☺☺☺

Point 1　回折格子　≫ ア～コ

　格子定数 d の回折格子は，多数のスリットが間隔 d で並んでいると考えられる。明るい方向を考えるのは容易である。波長 λ の光が入射したとき，m を整数として $d\sin\theta=m\lambda$ が成り立つとき，隣り合うスリットだけでなく，どのスリットの組み合わせでも光は強め合うので，これが明るい方向の条件である。しかし，弱め合い暗くなる条件はやや複雑で，弱め合う方向が多数存在する。そのため，回折格子の問題では明るくなる条件のみ問われることが多く，暗くなる条件が問われることはめったにない。本問では暗くなる条件を扱っているが，結論を覚える必要はない。ただし，誘導にしたがって考えられるようになることが大切である。

Point 2　三角関数の和の求め方　≫ カ，ク

　周期（振動数）が同じ三角関数の和は，三角関数をベクトルとして表現し，ベクトルの和として求めることができる。角振動数 ω, 時刻 t, 振幅 A, 初期位相 α の三角関数 $A\sin(\omega t+\alpha)$ をベクトルとして表現すると，図4のようになる。つまり，振幅 A をベクトルの長さで，初期位相 α を横軸からの反時計回りの角度で表現する。複数の三角関数をベクトルで表して和を

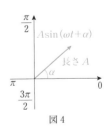

図4

求めれば，それが三角関数の和となる。これは，電磁気（交流）でもよく使われるので，使いこなせるようになってほしい。

解答 ア．隣り合うスリットで，光路差は $d\sin\theta$ であるので，回折光が明るくなる条件は

$$d\sin\theta = m\lambda$$

イ．光路差は $d\sin\theta$ である。光路差を位相差（$=2\pi\times$波の数）に直すと

$$\alpha = \frac{2\pi d\sin\theta}{\lambda}$$

参考 $\alpha=0,\ \pm2\pi,\ \pm4\pi,\ \cdots =2m\pi\ (m=0,\ \pm1,\ \pm2,\ \cdots)$ となる方向で，明るい回折光となる。式を整理すると

$$d\sin\theta = m\lambda$$

となる。

ウ．回折格子から離れた点で，S_2 を通過した光は，S_1 を通過した光より光路差の分だけ短い距離を進むので，α だけ位相が進んでいる。ゆえに

$$y_2 = A\sin(\omega t + \alpha)$$

エ．$0<\alpha<2\pi$ の範囲で，$y_1+y_2=A\sin\omega t+A\sin(\omega t+\alpha)=0$ が t によらず常に成り立つのは，$A\sin(\omega t+\alpha)=-A\sin\omega t$ のときだけである。ゆえに

$$\alpha = \pi$$

オ．S_3 を通過した光は，S_1 を通過した光より 2α だけ位相が進んでいるので

$$y_3 = A\sin(\omega t + 2\alpha)$$

カ．$y_1+y_2+y_3=A\sin\omega t+A\sin(\omega t+\alpha)+A\sin(\omega t+2\alpha)=0$

が t によらず，常に成り立つ α を考える。

問題文にあるようにベクトルで考えると，$0<\alpha<2\pi$ の範囲で，図5(a)のように $\alpha=\dfrac{2\pi}{3}$ のとき $\left(2\alpha=\dfrac{4\pi}{3}\right)$ と，図5(b)のように $\alpha=\dfrac{4\pi}{3}$ のとき $\left(2\alpha=\dfrac{8\pi}{3}\right)$ である。

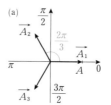
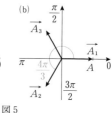

図5

$$\alpha = \frac{2\pi}{3},\ \frac{4\pi}{3}$$

キ．カより 2方向

ク．カと同様に考えて，図6(a)～(c)の場合の3通りになる。

(a) $\alpha = \dfrac{\pi}{2}$ のとき $\left(2\alpha = \pi, \ 3\alpha = \dfrac{3\pi}{2}\right)$

(b) $\alpha = \pi$ のとき $(2\alpha = 2\pi, \ 3\alpha = 3\pi)$

(c) $\alpha = \dfrac{3\pi}{2}$ のとき $\left(2\alpha = 3\pi, \ 3\alpha = \dfrac{9\pi}{2}\right)$

である。これより

$$\alpha = \frac{\pi}{2}, \ \pi, \ \frac{3\pi}{2}$$

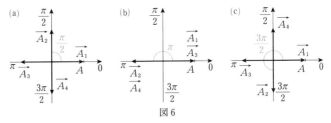

図6

ケ．クより　　3 方向

コ．スリットの数が 4 以上になっても，カ・クと同様に考えることができる。

スリットの数が N のとき，弱め合う α は

$$\alpha = \frac{2\pi}{N}, \ \frac{2\pi \cdot 2}{N}, \ \frac{2\pi \cdot 3}{N}, \ \cdots, \ \frac{2\pi(N-1)}{N}$$

となる。ゆえに，弱め合う方向の数は　　$N-1$ 方向

出典一覧 ※以下に記載のない問題は，すべてオリジナル問題です。

第1章　力学

第2章　波動

本書に掲載されている入試問題の解答・解説は，出題校が公表したものではありません。

　本書は，いろいろな人の協力によって完成させることができました。何より，清風南海高等学校の生徒たちが，まじめに私の授業に取り組んでくれたおかげです。授業を通じて私が得たものが，この本になっていると思っています。また，編集者の増岡千裕さんには大変お世話になりました。

　昼間の勤務を終えてからの執筆作業でしたが，家族の支えもあり完成させることができました。妻に感謝します。大学生と高校生になった息子たちは，問題の選定や難易度，解説のわかりやすさなどについて，有益な意見を言ってくれるようになり，とても助かりました。息子たちの成長に驚くと同時に感謝します。

折戸正紀